舌尖上的航海

Tastes' Stories From Sailing

张 涛 著

中国海洋大学出版社

·青岛·

今天唱一支粗陋而简短的吟诵曲，

唱海上的船，每一只都在自己的旗帜和信号下航行，

唱船上的无名好汉，唱那些向目所能及的远方铺展的波浪，

唱那些激扬的浪花，和呼啸着、吹响着的风，

从中编出一支给世界各国的水手的颂歌，

歌声阵阵，如海潮汹涌。

唱年轻或年老的船长，他们的伙伴，以及所有勇猛的海员，

唱精干而沉着的健者，他们从不为命运和死亡所震慑，

他们被古老的海洋吝啬地拣出，被你所挑选，

大海啊，你及时挑拣和选拔这一类人，把各个国家联合在一起，

他们被你这老迈而沙哑的乳母所哺育，他们体现着你，

像你那样桀骜，那样无畏。

——[美]沃尔特·惠特曼《为所有的海洋和所有的船只歌唱》

序

为海洋而歌

航海是艰辛孤寂的，更是伟大高尚的。

翻开厚厚的世界发展史，美洲大陆的发现，海上丝路的兴起，维他命的产生，咖啡和茶叶的传播，麻风病的诊治，葡萄酒的酿造，西红柿走进千家万户，胡椒飘香天南海北……哪里没有大海的气息，哪里没有波浪的痕迹！

当然，人们更不会忘记，海上那些广为流传的故事和传说：哥伦布与情人节的诞生，海盗发明了自助餐，水手鸡尾酒的产生，海员是饼干的首创者，西红柿原叫"爱情果"……这些千奇百怪的故事，只是浩瀚航海故事的"沧海一粟"。

著名作家海明威说："海洋给人类带来太多的惊喜和意外，也给人类带来了文明和进步！"

在新石时器时代，中国岭南地区的人们就开始了航海活动，秦汉时期海上丝绸之路已逐步形成，唐宋时期兴盛一时，这为中国的历史发展写下了浓重一笔。

不久前习近平主席视察上海洋山港时，指出"经济强国，必定是海洋强国，航运强国"！

可见，海运与经济、海运与国家战略的关系，海洋的重要性不言而喻。

发展海洋文化，营造社会广泛热爱海洋的氛围，是当前文艺工作者应该承担的义务和责任！

张涛是名海员，一位资深的远洋船长，热爱海洋，利用特殊的工作环境和几十年的航海生涯，收集积累了大量的航海故事。他笔耕不辍，先后出版和发表了反映海员生活和海洋知识的小说、报告文学、戏剧和科普作品近百万字，取得了可喜的成绩。

《舌尖上的航海》以航海与饮食息息相关的史实为基础，介绍了种种奇闻逸事："魔鬼海"的飞鱼宴，"幽灵船"里的"幽灵"，"百味船长"的"麻婆豆腐"梦，永不消失的冰激凌……既真实有趣，又充满了正能量；于文学创作而言，也是独辟蹊径，意义重大。

今天，我们处在一个伟大的新时代，让我们更多的文艺工作者走向海洋，用海洋一样宽阔的胸怀，书写和谐共赢。

全国政协常委　中国作家协会副主席　白庚胜

2020 年元月

目录 \ Contents

飞鱼宴、星巴克和水手咖啡馆

幽灵船、冰激凌和船长酒馆

情人节里的"哥伦布"

在情人节登录美国的时尚网站，出来的结果 80% 以上是关于吃的，其中绝大多数是关于巧克力的，每个页面都让人垂涎欲滴。更让人惊奇的是，情人节的英语原文并非"Lover's Day"而是"Valentine's Day"（圣瓦伦丁），这是怎么回事呢？

"圣瓦伦丁"是一艘运输船的名字，而且专门运输巧克力。这艘船有许多奇妙的故事。

"圣瓦伦丁"号的大台是船员聚餐的地方，也是娱乐的胜地。每逢节假日，大台上除了会摆满各类美食佳肴，还会有许多船员聚在一起讲述航海与美食的故事。

这天，正值情人节，"圣瓦伦丁"号航行在大西洋上。

大台餐桌上摆满了各式各样的巧克力。这些巧克力大多是船长皮特从世界各地"淘"来的。

远洋水手的漂洋过海生活十分特殊，常年漂泊在海上，与家人聚少离多，思乡之情甚重，尤其逢年过节，大家总会用各种方式怀念远方的亲人。

"圣瓦伦丁"号船长皮特出生在哥伦布的故乡意大利热那亚，是典型的"感情包"，更是一位"哥伦布迷"！

每逢佳节，无论在繁忙的码头，还是在茫茫大洋上，皮特船长总会让人在大台里备上美酒佳肴，并讲上一段让人难忘的航海人的故事。比如，哥伦布娶了名门闺秀莫尼斯，为自己周旋于葡萄牙和西班牙上层社会和远洋航行打下基础；著名的海盗船长纳多德如何用渡鸦发现冰岛的传奇；甚至还会有板有眼地讲述中国的徐福东渡日本，寻找"长生不老药"的传说……当然，皮特船长讲得最多的仍然是哥伦布的故事，谁让他是"哥伦布迷"呢！这些故事让水手们着迷，同时让他们也学到了许多航海知识。

那么，情人节餐厅里为啥摆满了各式各样的巧克力呢？

水手们正在猜疑，皮特船长身着哥伦布式服装亮相在餐厅里，"哥伦布！"大家不禁惊叫起来。

皮特船长奇特的装扮引起大家一阵哄笑和掌声。只见他随手拿起桌上一块巧克力，端详片刻，神秘地说："情人节与巧克力有关，更与哥伦布航海有关，你们知道吗？"水手们没有猜错，皮特船长三句不离哥伦布，这是不争的事实。"哥伦布是海员的骄傲！"这是皮特船长的口头禅。但是，人们从未听说过哥伦布与情人节和巧克力有关。

情人节的大西洋风平浪静，显得格外温柔。餐厅里点起少有的蜡烛，摆满了五颜六色的鲜花。除了值班人员外，水手们都聚集在餐厅里，听皮特船长讲述哥伦布与情人节和巧克力的故事。

"据说，情人节这天，全球巧克力的销量高达263万千克！"

皮特船长整理了一下身上的服装，轻轻咳嗽了一声，讲起了一段耐人寻味又离奇的故事。

"大约在公元前5世纪末期，罗马教皇正式确认每年的2月14日为'圣瓦伦丁节'。那时候，欧洲人还未听说过'巧克力'这个陌生的词。

但是，远在数千里之外的拉丁美洲的玛雅人和阿兹特克人，已经享用了巧克力1500多年。

直到15世纪末，哥伦布率领饱经风霜的探险船队归来，向西班牙女王伊莎贝拉敬献的礼物中，除黄金珠宝外，还有一种黑褐色的东西。这东西迷人的香味和神奇的传说，立刻使欧洲的贵族着了迷，成了当时贵族独享的珍品。

19世纪初，英国一家名叫吉百利的糖果公司，将这黑褐色的东西制成糖果，寻常百姓才知晓它叫巧克力。

但是此时，巧克力与"圣瓦伦丁节"没有任何关系和瓜葛。

1861年，吉百利家族一名叫理查德的人突发奇想，做出一款心形的包装盒，将巧克力放置其中，并特意选在情人节上市，顿时火爆全球。从此，情人节开始了与巧克力的不解浪漫之缘，巧克力开始风靡欧洲。

随着现代科技的发展，人们发现巧克力中含有苯乙胺，是种能触发某种如坠爱河感觉的物质。这为巧克力与情人节的浪漫关系做出了合乎情理的解释。"

　　讲到这里，皮特船长突然停顿下来，拿起桌上一块巧克力，口气变得缓慢而低沉地说："按照西方宗教的传说，2月14日非但不是一个浪漫的日子，而是一个悲苦、殉道和牺牲的时刻。传说中，罗马皇帝认为已婚男子不愿离家当兵违背天理，因此颁布了一道禁止结婚的法令。此刻，一个名叫圣瓦伦丁的主教却违背罗马皇帝的旨意，秘密为青年人举行婚礼。圣瓦伦丁的行为激怒了罗马皇帝，在公元269年2月14日终被处死刑。

　　这个故事流传了一千多年。这天成了纪念圣瓦伦丁的日子。"

"直到公元1382年，英国诗人乔叟在一首浪漫诗《百鸟会议》中写道，因为今天是'圣瓦伦丁节'，所有鸟儿都会来此选择它们的配偶。这时，'圣瓦伦丁节'才有了情人节的寓意。"

皮特船长最后长长吁了一口气说："无论如何，我们要感谢伟大的航海家哥伦布，是他不远万里把巧克力从美洲带到了欧洲，从而风靡世界！"

"圣瓦伦丁"号的船员过了一个非同寻常的情人节，也诠释了情人节英语翻译的"合理错误"。

"幽灵船"里的饺子

"我是吃饺子长大的！"

这是远洋水手魏海的口头禅。

魏海出生于山东的一个渔村，从小丧母。他的父亲是名远洋海员，常常漂泊在海上。

魏海从小由外婆抚养。山东是中国水饺的发源地，外婆也做得一手好水饺：鱼肉的、三鲜的、什锦的……特别是逢年过节，各式各样的水饺花样翻新，香味诱人。有的饺子里还会放上钱币和吉祥物，寓意吃上这种饺子的幸运者全年吉祥发财。

从魏海记事起，外婆隔三岔五就包上一顿饺子。所以，魏海说自己是吃饺子长大的一点也不夸张。

值得魏海骄傲的是，做了海员后，他的足迹遍及许多国家和地区。在欧美国家一些大城市的华人街餐厅里，水饺已经普遍被摆上了餐桌。

但是，一次偶然的机会，魏海发现饺子并不是中国独有，在一艘"幽灵船"里，被埃及人称为"饺子"的食品还救了船上多名水手。

"幽灵船"最初出现在中世纪海盗猖獗的欧洲。那些被海盗截杀的船只被遗弃在茫茫大海里，没有灯火和动力，只能随波逐流，因而被人们称为"幽灵船"。船上的幸存者多数因为缺少食物和淡水而死亡。随着航海技术的发展和海盗的收敛，"幽灵船"渐渐销声匿迹。

近些年来，由于种种原因，比如地震、海啸和其他意外事故，"幽灵船"泛滥海上，给航海安全带来威胁。各国纷纷成立了追踪"幽灵船"的组织和机构。

魏海发现"幽灵船"里饺子的故事，是在他被调入救捞船队后不久，参观一座船厂的"幽灵船"时发生的。这是艘破旧的埃及废钢船，在拖往目的港途中，因遭遇风暴，绞船索断裂，而被遗弃在大洋里。船上三名水手依靠捕捞海洋生物和吃船上被当地人称做"饺子"的形似饺子的食品，在海上坚持了漫长的六十多天!

这个被称作"饺子"的埃及食品到底啥样，如何挽救了三名船员的生命?

"吃饺子长大的"魏海想弄个明白。

可惜，"幽灵船"基本被拆解完毕，幸存的船员已返回故里。

机会终于来了。

时隔不久，魏海被派往埃及接新的救捞船。

　　临行前，魏海特意准备了一些有关埃及饮食文化的资料，认真地研读起来。

　　资料显示，埃及是个闻名于世的文明古国，饮食上严格遵守伊斯兰教规：斋月里白天禁食，不吃一切忌物，更不能吃带汁和未熟透的菜肴。吃饭时不能发出声响，绝不能与旁人谈话。

　　埃及人三餐十分有规律，早餐多为奶酪、面包和咖啡。中餐和晚饭较为讲究和丰富，除肉食米饭外，必备水果。

　　魏海寻找埃及"饺子"的旅程开始了。

　　他多次穿越埃及的苏伊士运河，同时也饱览了埃及的美丽风光：耀眼的金字塔，繁华的运河商区，巍峨林立的庙宇……

　　有一次，船在埃及航修时，正值埃及的斋月节。船舶代理特别邀请他们几个年轻海员到家里做客。

　　斋月节是埃及的重要节日，埃及人一定要在这个节日里吃蚕豆和甜食。斋月节当天必吃咸鱼和大葱。埃及的食品带有北非的阿拉伯风情，埃及人特别喜欢吃甜食，最著名的是一款名叫"库纳德"的面点：将调成糊状的面粉放在漏勺内，面糊从漏勺孔中落成细丝，均匀撒落在油锅内煎成撒状的"撒子"，十分香甜可口。

　　埃及人十分热情好客，逢年过节或遇上大喜日子，除邀请贵宾和好友外，平时与主人无甚交往的人也可光临主人家助兴。同时，埃及人十分讲究请客座席的身份和等级，还会用"发誓"的名义劝客人多食。

　　在埃及过"斋月节"使魏海学到了许多埃及的饮食文化，但是其中丝毫没有关于"饺子"的影子，资料里也没有任何"饺子"

的踪迹。

　　就在魏海接船即将离开埃及的前一天，魏海从一家面食店老板那里找到了答案：这种被埃及人称做"盖塔"的形似中国饺子的面食，是用葡萄干和干果搅拌制成"饺子馅"，包好后用温油炸制而成的，个头比中国饺子大好几倍。由于"饺子馅"多为干果，制作工艺特殊，常温下十分容易储存，是埃及远洋海员十分喜爱的常备食品。

　　这种埃及远洋海员喜爱的常备食品，没想到竟然拯救了三名遇难海员的生命！

漂流瓶里的"烩蘑菇"

一则关于漂流瓶的微信消息，成了航海界的网红。

微信中说，一对未婚的英国情侣约翰和玛丽，在海边散步时拣到一只漂流瓶。漂流瓶中有封保存完好、让人感慨万分的信。信中写道：

> 亲爱的朱莉亚：
>
> 此刻，我不知道该说些什么，因为死亡逐渐向我走来。我们的船在百慕大附近遇到了狂风暴雨，眼看就要翻沉了。我再也看不到你那双美丽动人的眼睛和那头金黄色的卷发，也无法在明天的圣得雷萨节享受你亲手烹调的烩蘑菇。我不想死，我曾打算远航归来向你求婚。可是我等不到这一天了。不过，我想，我在天堂一定会吃到你亲手做的烩蘑菇。这不是幻想，一定会的……
>
> 永远爱你的皮特

约翰和玛丽拣到漂流瓶后没有犹豫，来到了专门搜集和研究漂流瓶的机构——英国海洋生物学会。

英国海洋生物学会成立于1906年，当时为研究潮流方向，特意将一只封存好的漂流瓶投入大海中，这只漂流瓶直到2015年4月17日才在德国的阿姆鲁姆被人发现，它在大海里整整漂流了108年，是至今世界上被人拾到的漂流时间最久的漂流瓶。在此之前，最古老的漂流瓶在海上漂流了99年。

这件事使得英国海洋生物学会名声大噪。一百多年来，海洋生物学会共收到各类漂流瓶一千多只，漂流瓶中的内容包括科研资料和海员的遗书、遗物等。

一百多年前，海上通讯不发达。在海上遇难的海员，往往会在危急时刻，将自己的遗言和信息封存在漂流瓶里抛进大海。漂流瓶随波逐流，成为海员传递信息的唯一手段，也成为人们寻找失事船舶和人员的希望。

英国海洋生物学会根据约翰和玛丽拾到这只漂流瓶里的信息分析判断：皮特所在的这艘失事货船叫"天王星"号，83年前，这艘船在百慕大三角失踪。

百慕大三角海域位于太平洋东南海岸，是佛罗里达海岸、西印度洋群岛南端与百慕大群岛之间围成的一个三角地区。

根据航海史记载，19世纪以来，在此海域失踪的船只有近百艘，死亡人数达一千多人，还有许多飞机在此神秘消失。人们称这个海域为"魔鬼大三角"。

"魔鬼大三角"出现神秘灾难事故的原因，至今仍未有定论。

有人认为，这个海域风暴出现罕见的次声波，次声波的震动随风暴的加大而振幅激增，船舶经过必遭劫难；有的专家说，这是墨西哥湾暖流形成的不测风云造成的；也有人指出，这是由于这里海底火山周期性爆发，使地壳下沉产生飓风和磁暴形成"航吸"造成的；很多当代科学家分析，这个海域有股从海面到海底向下的海流，形成了"涡旋"运动，将船吸入海底……这里因此被称为"海员的坟墓"，等等，不一而足。

人们根据信中的"圣德雷萨节"，判定皮特是西班牙人。因为圣德雷萨节是西班牙传统的"烹调日"。这天，人们要准备大量美食佳肴，是适合情侣大显身手的日子。

知晓这只漂流瓶的来龙去脉后，约翰和玛丽激动不已，并做出一个让人们意想不到的决定：俩人辞掉了工作，不远千里来到西班牙的马德里，约翰在一家餐馆做了厨师，玛丽则在一座咖啡馆里做服务员。

他们想要完成一个心愿。

西班牙是个多节日的国家，几乎月月都有各种各样的节日，且节日总以家乡的佳肴美食为主要内容，俗称"美食大国"。

约翰所在的餐厅几乎每天都顾客盈门。风光旖旎的西班牙，东面和东南面濒临地中海，得天独厚的海边风光，使西班牙盛产海鲜。以海鲜为主料烹调的美食比比皆是，特别是烩蘑菇。烩蘑菇是西班牙"烹调日"那天情侣必做的一道菜：将各类海鲜与鲜软的蘑菇一起加上清汤炖煮，鲜香逼人，象征情侣香甜和美！

经过一年多的工作和学习，约翰基本掌握了西班牙的美食烹调技能，特别是烩蘑菇的做法。

约翰和玛丽踏上了远去百慕大群岛的征途。

当今的百慕大群岛今非昔比，昔日"魔鬼大三角"上的魔鬼群岛，已成为世界著名的旅游胜地。

一切源自一桩海难事故。

1709 年，英国海军上将乔治·佐德斯率领的"海上冒险"号，在百慕大遭遇飓风袭击，搁浅在百慕大群岛附近的珊瑚礁上。所幸，幸存者修复了难船，带着粮食和物品驶向附近的弗吉尼亚。这里是英国殖民地，当时正遭受罕见饥荒的困扰。"海上冒险"号带来的粮食和物品，救助了当地的居民从此开辟了百慕大群岛的新生活。经过几百年的开拓发展，百慕大群岛已成为风貌独特、阳光灿烂的旅游天堂。

《世界旅游报》曾这样写道：色彩柔和的民房错落有致地布满全岛。田野、花园、矮墙和熔岩间有条狭窄的小道通向岛顶，岛顶矗立着一块石碑。石碑上刻印着当年在百慕大殉难的海员的名字。

约翰和穿着婚纱的玛丽，缓步来到石碑前，双手将他们精心烹调的烩蘑菇小心翼翼地放在石碑前：

"安息吧！皮特先生。"

约翰和玛丽的故事深深感动了所有来往百慕大附近的航船海员。此刻，约翰和玛丽紧紧相拥在一起，他们一年多前许下的心愿终于实现了！

"十全十美"的海上年夜饭

　　"鄱阳湖"号和"洪泽湖"号是对姐妹远洋货船。几年前，两艘船同时下水远航，吨位、马力、船型同出一辙，是海上罕见的"孪生姐妹"。

　　十分凑巧，这年中国旧历除夕前夜，两艘船同时停靠在美国的西雅图港。

　　"鄱阳湖"号大厨楚雄和"洪泽湖"号大厨秦淮是当年厨师学校的同窗好友。

　　俩人都能烹调一手好菜，楚雄出身淮北，精通徽菜。秦淮来自江苏，说到江淮菜他是行家里手。

　　姐妹船在国外相遇十分难得，又正巧赶上即将到来的除夕之夜。两船商定，除夕之夜共进晚餐，并以"十全十美"的菜名做顿"海上年夜饭"。

　　做菜容易冠名难。楚雄、秦淮俩人约定：各自准备十几道家喻户晓的名菜，每道菜名冠以数字，从"一"开始依次排列。

俩人虽说出身厨师学校，但想达到规定要求还真有些难度。

楚雄和秦淮为了不辜负大伙的期望，使出浑身解数，终于在除夕前夜，一切准备就绪。

除夕当天，太阳刚刚落山，船员们就陆续来到"洪泽湖"号的大台（餐厅）。

在新春锣鼓声中，楚雄首先登场，端出一盘菜，并兴致勃勃地介绍说："一品豆腐！"只见雪白鲜嫩的豆腐浸泡在飘着冬菇、笋片、姜末的汤里，发出诱人的鲜香。

"豆腐富含植物固醇，可帮助代谢人体内的胆固醇，海员应该经常食用！"楚雄边说边喊大家品尝。

一阵啧啧称赞声中，秦淮不紧不慢地端上一盘黑白分明、闪着晶莹油花的小炒："烧二冬！"

大伙还未缓过神来，秦淮一板一眼地介绍说："'烧二冬'主料是冬菇和冬笋。冬菇有菌中之王的美称，冬笋制干又称南参。俗话说好事成双。两种营养佳品，既清脆爽口，又富有膳食纤维和微量元素。美味又营养！"

第一回合不分上下，大伙对两位大厨的精心准备和默契配合报以热烈的掌声。

人们期盼着第三道菜亮相。

这时，船上的"春节晚会"开始了。在一阵欢快的音乐声中，"鄱阳湖"号船长捧着一盆热腾腾的菜从厨房走出来："三合菜！春节之际，祝伟大祖国繁荣富强，祝各位家庭和谐美好，全船上下同船共济！”

只见翠绿的葱白和蛋清上，整齐地摆放着鱼丸、肉丸和肉糕。

楚雄介绍说："鱼丸先由鱼制成茸，再做成丸子。肉丸和肉糕用的全是上等的猪腿肉，具有滋补健胃功效，是地道的徽菜！"

谁知，楚雄的话音刚落，秦淮微笑着从厨房走了出来："四喜丸子！"

"四喜丸子！"顿时餐厅里一片喊声，"这道菜，家家年夜饭都有！"。

"对！"秦淮接着说，"四喜代表福、寿、禄、禧，预示阖家团圆。这道菜以瘦肉为主料，将肉丸油炸七八分熟放入高汤清蒸而成。"

此时，餐厅里的气氛越来越高涨。人们还未来得及品尝"四喜丸子"，楚雄手举着大盘，吆喝着闪亮登场："五柳鱼！"

楚雄将菜盘朝餐桌上一摆，顿时鲜味逼人。只见一条大鱼摆在盘中，鱼两侧一字形划开：蒜蓉、姜末、鲜菇丝、笋丝、火腿丝、青辣椒丝、红辣椒丝勾芡散落鱼背上，一簇鲜嫩的香菜点缀在鱼背上。

楚雄高声喊道："这是道北京名菜。相传鱼背上五颜六色的丝纹，形如柳叶，故称'五柳鱼'，是宫廷御菜之一。"

人们饮着酒，品尝着年夜饭的美食，几盘菜很快吃光了，等了好一阵不见秦淮出场。

正当人们企盼之时，"洪泽湖"号船长手捧一个大盘子，急步从厨房赶了出来："对不起，烤饼耽误了点时间。"

随后走出来的秦淮接了句：“六角旋饼！”

“对，六角旋饼！”“洪泽湖”号船长提高了嗓门说，“这是典型的西北名吃，是经过精心制作的六角形烤饼。外焦里软香脆可口。六角代表‘六六大顺’。新春之际，我代表‘洪泽湖’号船员，祝愿‘鄱阳湖’号全体兄弟们，新的一年一顺百顺！”

“祝祖国繁荣富强！”“祝全国人民幸福安康！”餐厅里此起彼伏的掌声和欢呼声，划破了寂静的大西洋夜空，传得很远很远。

高潮之中，楚雄却没有及时亮相：“第七道菜难道搁浅了？”正当人们议论纷纷时，楚雄和一名水手抬着一个大饭筒，晃晃悠悠从厨房走出来：“八宝饭来喽！”

这时，一个船员突然站了起来：“这是上海年夜饭里必备的甜点！”

“说得对。”楚雄饶有兴趣地说，“八宝饭是用糯米、核桃仁、蜜饯、葡萄干、蜜枣、青梅、糖玫瑰、豆沙八种食材加上白糖和猪油做成的。蜜枣甜蜜，整道菜香糯扑鼻。”

人们争先恐后地将“八宝饭”盛到自己碗里。

船员在茫茫大海上吃着这顿别开生面的“年夜饭”，十分开心。人群中只有一位望着桌上的饭菜发呆。他是“洪泽湖”号上的轮机长，人高马大，患有高血压。他望着餐桌上的大鱼大肉和甜点直摇头。

“洪泽湖”号船长望了一眼，连忙朝厨房喊了一声：“上菜！”

“来喽！”秦淮应声而出，“九层塔煎茄子。”

这是道专门为"素食客"准备的年夜菜。把紫茄子切成薄片，先用油煎软，然后两面均匀撒上椒盐，叠成九层塔形墩放盘中，最后淋上辣椒末爆香的勾芡，形味俱佳。

"洪泽湖"号轮机长顿时眉开眼笑，大口吃起来。

这时，电视机里的新年钟声响了。

"鄱阳湖"号船长和"洪泽湖"号船长，俩人一起捧着一个硕大的盘子，来到餐厅中间："素什（十）锦！"

这是一道传统名菜，由木耳、萝卜、笋丝、豆腐干、白菜、香菇、黄花菜、绿豆芽、豌豆苗、猪腿肉煸炒而成，是广受欢迎的年夜菜！

楚雄和秦淮此刻忘记了忙碌和疲劳，共同举杯，大声喊道："祝两艘姐妹船上的兄弟，在新的一年'十全十美'！"

"海上年夜饭"在一阵掌声和欢笑声中结束了。

救生艇里的"宝贝"

"海豚王"号货船在比斯开湾遭遇了罕见的风暴。

比斯开湾是世界闻名的风暴区，常年的飓风使这个海湾终日波涛滚滚。

经过一天一夜的击风搏浪，"海豚王"号终于驶出了这个令人惊心魂魄的海区，平安抵达了德国的汉堡港。

"海豚王"号停靠在码头旁进行检修。"海豚王"号的桅索和救生艇，不同程度受到了损坏。艇上的帆布罩被风浪撕了个大口子，艇里积满了海水。

大厨李罡协助水手靳海，更换艇里的设备：信号弹、淡水桶、应急药箱、备用风帆，最后李罡抱出一个大铁桶："这可是救生艇的'宝贝'！"

李罡边说边把铁桶小心翼翼地放置在甲板上。

"救生艇里的宝贝？"靳海是位刚上船不久的年轻水手，对船上的一切都感到新奇，"咋回事？"

李罡仔细地打开封闭铁桶的盖子，一块块包装完好的饼干，发出诱人的香味。

"压缩饼干！"靳海不禁惊叫起来。

靳海是地道的"饼干粉丝"，从小到大未离开过糕点：沙琪玛、曲奇、桃酥、奥利奥、巧克力派……他不仅爱吃饼干，还知道这些糕点的原始产地。因此他有个外号叫"饼干王子"。

但是，铁桶里类似砖头的饼干靳海还是第一次见到，他只知道这是船舶遇难时，海员的救命粮食。记得在航海学校学习时，老师讲起一个海难事故，说一艘英国的商船在大洋里遇上风暴翻沉。船员登上救生艇，在茫茫大海里漂流了二十多天，除了在海里捕捉鱼虾充饥外，每天每人分得救生艇里一小块压缩饼干。由多种营养材料制成的压缩饼干，使这批海员度过了艰难的海上岁月。因此海员对救生艇里的饼干情有独钟。

靳海拿起一块铁桶里的压缩饼干，仔细端详着，爱不释手。

望着靳海好奇的眼神，李罡神秘地说了句："它不仅是海员的救命恩人，还是饼干的祖先哩！"

靳海早就听说李罡是有名的海上美食专家，肚里有许多与航海有关的美食故事。于是靳海一边维修一边央求李罡讲一段，李罡娓娓道来。

据说，二百多年前，英国的多桅帆船"环大西洋"号在比斯开湾遭遇风暴，触礁沉没。幸存的水手们被围困在一个无人的荒岛上。面对饥饿和死亡的威胁，水手们想起了沉船里的面粉、砂糖和奶油。他们费尽周折，潜回沉船。谁料，这些救命的食物被海水淹成了"糊糟"。饥肠辘辘的水手，把这些糊糟搬到荒岛。面对这些无法进食的糊糟，人们仰天长叹："主啊，难道我们就要这样走进天堂！"望着大伙绝望的样子，一名水手突发奇想，将这些糊糟制成薄饼，放置在荒岛的礁石上灼烤，很快这些糊糟就被烤成一块块香甜诱人的小饼。

人们吃着这些被太阳烤熟的、香甜可口的小饼，在荒岛上生存了三十多天！这些遇难的水手被营救上岸后，这种被水手被为"比斯开湾小饼"的奇特食物，被船东发现，将其制成了块状食品，作为应急食品放置在救生艇里。没多久，"比斯开湾小饼"却风靡世界，成了世界上最早的饼干，登上了"饼干祖先"的宝座。

"牛肉"船长拜师记

"鹦鹉"号是艘意大利远洋货船，船长罗杰斯，人称"牛肉"船长。

中国水手沈鹏被外派到这艘多国船员混搭的船上当天，就被唤到"牛肉"船长房间，生辰八字被问个底朝天。最后船长悄悄地记下了他的生日。

沈鹏上船前就对"牛肉"船长略知一二：船艺精湛，待人热情……但是他却不知道人们为何称他"牛肉"船长。

沈鹏来自中国兰州，做一手地道的兰州拉面。兰州拉面的主料是牛肉，所以，沈鹏对牛肉情有独钟。

"难道船长喜欢牛肉？"沈鹏想解开"牛肉"船长这个绰号的谜团。

功夫不负有心人，机会终于等来了。

"鹦鹉"号驶出苏伊士运河，来到意大利的米兰港的这天，正巧是沈鹏的生日。

船上餐厅里，大厨准备了生日蛋糕，在烛光和"祝你生日快乐"的乐声中，大厨端出一碗热腾腾的炖牛肉。

沈鹏望着香味扑鼻的炖牛肉直愣神："专门为我做的？"

大厨笑着点了点头："这是船长亲自为你做的！"

这是"鹦鹉"号船上的传统：每逢船员生日，船长都会亲自下厨，烧一道炖牛肉，船长说这道菜与航海有关，是航海人发明的菜！

因此，人们亲切地称罗杰斯船长为"牛肉"船长。但是，问起炖牛肉与航海的关系和为什么说炖牛肉是航海人发明的菜，人们都摇着头："不知道，船长从未透露过。"

沈鹏是位航海科普协会的业余会员，利用环球航海的机会，搜集和撰写了许多与航海有关的趣闻轶事。他想弄明白"牛肉"船长这道"炖牛肉"的奥秘。

沈鹏听说"牛肉"船长特别喜欢面食，尤其喜欢各式各样的面条。沈鹏在意大利美食节当天，精心做了碗兰州拉面送到船长室。

"牛肉"船长吃完这碗特殊风味的面条，竖起大拇指，连声叫好："好！这是你们中国的美食？"

沈鹏频频点头："是我家乡的兰州拉面。"

吃完拉面后，身为远近闻名的海上美食家的"牛肉"船长想进一步了解兰州拉面的做法和来龙去脉，他甚至还想拜沈鹏为师。

沈鹏没有辜负"牛肉"船长的期望，当即将兰州拉面的来历和做法，一五一十地讲给船长：

"拉面又叫甩面、抻面，是中国北方城乡独具地方风味的传统面食。传说拉面因山东福山抻面而驰名，有拉面起源自福山抻面一说。后来拉面逐渐演化成各种口味的著名美食，如兰州拉面、山西拉面、河南拉面等，可以蒸、煮、烙、炸、炒，不同的做法有不同风味。拉面的技术性很强，必须要掌握正确要领。和面要防止脱水，抻条必须均匀，出条要圆滚，下锅要撒开。根据口味和喜好，还可以制成空心拉面、夹馅拉面、毛细拉面、扁条拉面、水条拉面等不同形状和品种。"

接着，沈鹏将拉面的和面、抻面、煮面等工艺逐一做给"牛肉"船长看。

"牛肉"船长十分高兴，用生硬的汉语连称沈鹏"师父"，并亲手又做了道"海上炖牛肉"浇盖在拉面上，摆在沈鹏面前，笑着说："按中国拜师的规矩，这就算见面礼吧！"

沈鹏紧紧握住"牛肉"船长的手："这道菜就叫'中意友好面'吧！"说完沈鹏趁机问起船长"海上炖牛肉"的来历。

兴致勃勃的"牛肉"船长讲起了"海上炖牛肉"的神奇来历。

听完之后，沈鹏望着眼前这碗"中意友好面"，紧握住"牛肉"船长的手，说："没想到'海上炖牛肉'的来历这么传奇！"

最后的 "鲨鱼宴"

　　"兄弟"号餐厅一隅，有套奇特的餐桌和餐椅，吸引了众多人的目光。

　　这是一套用鲨鱼骨架拼凑而成的桌椅：雪白而形状各异的骨架，被搭成十分别致的桌椅，古怪又有趣。

　　更令人惊异的是，餐桌上竖着一块用中英双语写的木牌，上面写着"最后的鲨鱼宴"几个字。

　　"兄弟"号是艘来往于亚洲和非洲的定期集装箱班轮。

　　在赤道附近的非洲海域锚地停靠的船，船体周围常常游着各式各样的鱼类，特别引人注目的是其中的"海中霸王"鲨鱼。人们称这里是"鲨鱼的天堂"。

　　这里的鲨鱼贪食易钓。船锚泊期间是船员垂钓鲨鱼的最好时机，钓鲨鱼也是船员喜爱的娱乐活动。鲨鱼一般一两米长，小的重六七十千克，大的有一二百千克，常常结群而行，浩浩荡荡，十分贪食。尤其大风天气过后，海水浑浊，鲨鱼疲乏饥饿，极易上钩。船员用细铁条制成尺把长的轮型"鱼钩"，以各类鱼和肉食做诱饵，将鱼钩抛至鲨鱼群游动的前方，鲨鱼就会猛扑过来，咬住鱼钩死死不放。有经验的船员用手指粗的细缆做钓绳，下端接上两米长的铁链条，防止钩绳被鲨鱼锋利的牙齿咬断。钩绳一端系在船桩或缆柱上，以免鲨鱼上钩挣扎时扭断人的手指和臂膀。取钩往往要等到鲨鱼挣扎无力时，需要几人合力，甚至动用船上的绞缆机帮忙。鲨鱼被钓上来后，仍然会用尾巴拼命不停地拍打甲板。人们用扫帚把和木棒有节奏地朝鲨鱼身上敲打，直到鲨鱼服服帖帖"束手就擒"为止。

人们将鲨鱼肉烹调成"鲨鱼宴"，鱼骨做成玩具，甚至有的人别出心裁地将鱼骨做成"乐器"，与当地的居民饮酒狂歌。

赤道钩鲨成了船员一项特别的活动。

"兄弟"号船员爱上这项活动是在首航非洲不久。

一天，船在锚地抛锚等待泊位。当地热心的船舶代理，为增加船员生活乐趣，特地给船上带来一部以真实资料为基础拍成的电影——《鲨鱼之杰》。

19 世纪初期，一艘海盗船偷盗了英国海军一份绝密文件，海盗被捕后拒绝认罪交代。正当审判进入僵局时，一艘英国军舰在加勒比海的赫坦岛捕到一尾鲨鱼，在鲨鱼胃里发现一本完整无损的笔记本。经鉴定，这正是海盗抛入大海的绝密文件。事实面前，海盗船长被处以绞刑。这具鲨鱼标本被放置在牙买加海洋博物馆，被人们誉为"鲨鱼之杰"。

这部电影引起了"兄弟"号船员的极大兴趣：鲨鱼不仅能食用，鲨鱼胃还是一个"天然保险柜"哩！

"兄弟"号船员开始在此海域大显身手，采用一切办法诱钓鲨鱼。

一次，他们钓到一条足有一百千克重的深蓝色大鲨鱼。破腹时，被鲨鱼吞食的鱼虾还活蹦乱跳，胃里有五花八门的东西：小海龟、铁器、衣物、公文包……

"兄弟"号船员兴奋之余，将鲨鱼肉做成了丰盛的"鲨鱼宴"，把鱼骨制成了奇形怪状的桌椅。

"兄弟"号餐厅一隅，鲨鱼骨制成的桌椅，成了船员享受鲨鱼宴的宝地，也吸引了众多人的眼球和关注。从此，在非洲赤道海域钓鲨，享受鲨鱼宴，成了"兄弟"号船员的福利。

但是，享受鲨鱼宴的好日子没坚持多久，一次偶然的变故，使奇特的鲨鱼骨餐桌上竖了块禁食令，上面写着"最后的鲨鱼宴"。

事情发生在1986年的秋天。"兄弟"号调来一位名叫邹波的船长。这天，正值中秋节，"兄弟"号锚泊在非洲赤道附近一个锚地。船上准备了丰盛的节日佳肴，鲨鱼宴自然也少不了。

谁知，邹波船长围着热腾腾的鲨鱼宴绕着圈，迟迟没有下筷。邹波船长讲了一个让人们意想不到的故事。

几年前，邹波船长在一艘远航美洲的船上做船长，一次，船靠泊在美国佛罗里达州一个港口。

这天，正值圣诞节前夜。天刚亮，寂静的码头陡然聚集了大批游行的人群，人们高举着绘有大鲨鱼的标牌，高喊着"禁止捕杀鲨鱼"！

　　原来一年前的圣诞节前夜，佛罗里达州一位名叫罗莎琳的女大学生约了两名同学，乘船去游览马勒库岛风景区。返程路上，游船因漏水翻沉，人们穿上救生衣争先恐后爬上救生艇。不幸，罗莎琳和两名同学被风浪甩在海里。他们拼命朝远方的陆地游去。

　　风浪越来越大，他们无法游向远方的陆地。就在这时，一个黑色物体朝罗莎琳冲过来。

　　罗莎琳定睛一看，原是一条两米多长的大鲨鱼。鲨鱼锋利的牙齿闪着吓人的光芒，罗莎琳知道遇上了"杀人魔鬼"，自己必死无疑，只能紧闭双眼死抱着救生衣，等待噩运的到来。但是，奇迹发生了：鲨鱼只咬住她的救生衣，丝毫没有伤害她的意思。就在此刻，她的身边又冒出一条大鲨鱼。两条鲨鱼一左一右，伴护着罗莎琳朝陆地游去，不时轮流用头推她前进。更令人意外的是，一条鲨鱼突然潜入水中，不一会，将一条咬掉尾巴的海鱼推到罗莎琳面前。饥肠辘辘的罗莎琳，抓住半截鱼吃起来。

　　暮色降临，一架救援的直升机发现了罗莎琳，朝她抛下了救援绳梯。罗莎琳拼命爬上救援绳梯。这时，两条鲨鱼才恋恋不舍地潜入海底……

　　罗莎琳被医治痊愈后，得知另外两位同学已葬身大海，她却因鲨鱼营救而幸免于难。

　　鲨鱼救人的故事，迅速传遍了佛罗里达州。

　　人们在感动之时，每当圣诞节前夜，都会自发来到海边，举行游行活动，在纪念鲨人救人的同时，呼吁人们不要乱捕鲨鱼。

029 / Tastes' Stories From Sailing

"这是一个真实的故事。"邹波船长郑重地说,"爱护海洋生物是每个地球人的责任。近来,多方调查研究发现,98%以上的鲨鱼是不会轻易伤人的,它们可以与人类和平共处。世界许多地方都自发组织了绿色和平组织,反对滥杀海洋生物!"

听了邹波船长的讲述后,"兄弟"号船员立马在鲨鱼骨制成的餐桌上,竖上一块写着"最后的鲨鱼宴"的木牌,并将邹波船长讲的故事传播到了许多地方。

水手鸡尾酒

今天是冬至，也是马腾的生日。

如果是在家乡过生日，饭桌上是绝对少不了"饺子酒"的，热腾腾的饺子就着老白干，驱寒气，寓意吉祥。

然而今年马腾的生日只能在船上过了，没有"饺子酒"，总觉得缺点什么。马腾望着舱壁上的日历正出神，大厨突然兴致勃勃地闯了进来："生日快乐！"

大厨是马腾的老乡，马腾的生日他记得清清楚楚。大厨贴着马腾耳根悄声说："船长特批，今晚靠上码头，让你喝'特别酒'。"

没等马腾追问，大厨扮个鬼脸就溜走了。

远航多年，马腾喝过三次"特别酒"：赤道的"鬼酒"、荷兰的"黑酒"和日本秋夕的"水酒"。

喝赤道"鬼酒"，是在有一年船跨越赤道的时候。

船跨越赤道时，正赶上附近居民过"鬼节"。扮成各类鬼神的岛上居民涌上甲板，把各种油彩涂抹在船员脸上，船员瞬间被涂抹得面目全非。面目狰狞的"小鬼"，怒发冲冠的"海狮"，娇美靓丽的"月亮娘娘"……随着激昂的鼓声，人们高歌狂舞，热闹异常。

接着，在一阵刺耳的海螺声中，扮作鬼神的岛上居民手持各式各样的器皿，把用椰子酿制的"鬼酒"，劈头盖脸地泼向涂满油彩的船员，酒香和油彩顺着脸颊流进船员嘴里。

喝荷兰"黑酒"时是个特殊的日子。

船停靠在欧洲最大的港口——荷兰的鹿特丹港。船舶代理利用装货间隙组织船员到首都阿姆斯特丹观光。

阿姆斯特丹享有"北方威尼斯"之称。木靴、风车、郁金香被誉为阿姆斯特丹的"三大国宝"。

参观这天，正值荷兰伟大爱国女作家安妮·弗兰克的纪念日。

安妮故居是座运河旁边的极其普通的十七世纪的建筑。"二战"期间，安妮被德国法西斯禁锢在这里两年之久。

纪念人群端着荷兰特产"黑酒"（黑啤）边喝边洒，故居前浓浓的酒香沁人心脾。怀着敬仰的心情，马腾也加入了长长的纪念队伍。

最值得纪念的是在日本喝的秋夕"水酒"。

这天是日本的"秋夕"，也是中国的中秋节。船停在日本堺市，船舶供应商星野邀请船员到自己家做客。

星野家中的餐桌上摆放着一只硕大的酒瓶，瓶身已经十分陈旧，上面还有用日文写的标签。

看着大家诧异的样子，主人说，这酒瓶是他的"媒人"。

十多年前，单身的星野在远航船上做水手。漂浮不定的海上生活，使他错过了许多"喜结良缘"的机会。一次酒后，他望着空荡的酒瓶，突发奇想，把"征婚启事"塞进密封的酒瓶里抛进大海。这只漂流的酒瓶终于为他找到了另一半：一位美丽善良的渔民姑娘。秋夕之夜，他们走进了婚姻的殿堂。从那以后，每年的秋夕，星野都会将酒瓶盛满水酒接待远来的船员兄弟。

今晚，船长说的"特殊酒"又是啥样？马腾很好奇。

船长詹姆斯是位美籍欧洲移民，人缘极好，出身于酿酒世家。

晚餐时，餐厅里聚满了人。热腾腾的水饺已经端上餐桌。船长捧着一只插着鸡尾羽毛的酒瓶走了进来："祝马腾生日快乐！"

大厨接过酒瓶，斟满一大杯，举到马腾面前："这是船长给你的特殊待遇。"

马腾端起酒杯一饮而尽，然后非常不解地问道："船长，这酒有什么特别之处？"

于是，船长詹姆斯讲起了这瓶酒的来历。

二百多年前，纽约州埃尔姆斯福一家用鸡尾羽毛作装饰的酒馆，来了几个水手买酒喝。酒馆当天的酒快卖光了，望着客人急迫的样子，一名叫弗拉纳根的女侍者，无奈地将剩下的几种酒统统倒在大容器里，随手用根鸡尾毛搅匀端到客人面前。客人们望着酒的成色，品不出酒的味道，纷纷询问女侍者这酒叫什么名字。女侍者指着插在上面的鸡尾毛，随口答道："鸡尾酒哇！"

水手们高兴地举起酒杯，高声呐喊："鸡尾酒万岁！"

　　从此，鸡尾酒风靡世界各地，各种不同的配方应运而生。鸡尾酒色、香、味兼备，鸡尾酒馆后来成了酒文化博物馆，享誉世界。由于鸡尾酒的名字最初是由水手们喊来的，人们也称其为"水手鸡尾酒"。

　　而这家鸡尾酒馆，正是由船长的祖父开设的。

　　喝着船长的特别酒吃着饺子，马腾度过了一个终生难忘的生日。

海盗餐厅的"自助餐"

　　谢天谢地，"卡塔琳娜"号经过 48 小时的拼搏，终于驶出了号称"海员坟墓"的比斯开湾风景区。

　　"卡塔琳娜"号以西班牙著名女海盗卡塔琳娜命名的，船员多数来自西班牙。

　　英文中的"海盗"一词来自希腊语。希腊语中海盗被定义为攻击或企图攻击船只的武装强盗。船上大厨罗西对刚上船不久的中国水手康辉说："其实历史上，海盗最猖獗的地方不是意大利，而是西班牙。"

　　大厨罗西是意大利热那亚人。热那亚是航海家的摇篮，罗西也出生于海员世家，还烧得一手好菜。船员为把他与足球皇帝罗西区别，都称他"海上罗西"。

　　"海上罗西"与康辉都喜欢听海上故事，久而久之，俩人成了好朋友。

"卡塔琳娜"号驶出比斯开湾后，"海上罗西"为犒劳大伙，特意烹调了两道与航海有关的菜肴和甜点："海上意大利牛肉"和"比斯开湾饼干"。

"当你吃这些航海美食时，可不要忘记航海对人类的贡献！"说到这里，"海上罗西"哈哈大笑，"海盗餐馆的自助餐更有趣、味道更棒。不过对不起，准备晚餐的时间到了。"康辉为了继续听"海盗餐馆自助餐"的故事，主动来到厨房帮厨。

就在这时，船上接到来自公司的调度通知：船在法国装卸完货，直航前往西班牙巴塞罗那装货。

"海上罗西"高兴地哼起了歌儿。

巴塞罗那位于西班牙伊比利亚半岛上，是西班牙的主要港口。这里有许多奇特的餐馆，特别是"海盗餐馆"。

"卡塔琳娜"号靠上码头，正巧碰上复活节。按当地风俗习惯，复活节及节后一周人们都不工作。街上的商场和酒吧生意十分火爆。

"海上罗西"带领康辉来到海边一座以著名海盗命名的餐厅。

餐厅的布置十分奇特：前厅摆着一艘海盗船的模型，四周墙壁上悬挂着海盗的盔甲、长矛、腰刀……长条的餐桌上，各式各样的器皿里摆放着五颜六色、各式各样的甜点和菜肴，令人眼花缭乱。

这种场景，康辉还是第一次见到。

"海上罗西"边在条桌前挑选菜肴边说："这里的甜点和菜肴，大多数是当年海盗喜欢的食品。"

这时，康辉观察到盛装食品的器皿，除了陶瓷、木桶外，还有贝壳制作的碗和盘子："真是太有趣了！"

"这是海盗当时生活条件决定的。海盗除了在海上打劫外，还不时在海里捕捞。""海上罗西"说，"如果能捕到大鲸鱼，鲸鱼油的价值堪比黄金！"

俩人边吃边谈，不觉已经酒足饭饱。

这时，一位身着海盗服装的侍者走了过来，康辉因为要买单，连忙拿出钱包，却被"海上罗西"制止了："今天我买单，不过，按这里规定要'抓彩'。"

说着，侍者捧来一只桶，里面封装着有关海盗知识的问答题。如果顾客答对了，饭菜价格可以打折。

还未等康辉反应过来，"海上罗西"已从桶里掏出一张纸签。"海上罗西"打开一看，哈哈大笑："五折打定了！"

纸签上的题目是：自助餐与海盗的关系？

真是太巧了，这个故事正是康辉想知道的。"海上罗西"不费吹灰之力，给了康辉一个满意的答案。

自助餐起源于 8 至 11 世纪海盗十分兴盛时期的北欧斯堪的纳维亚半岛。

那时的海盗每当有所猎获，就由海盗头领出面，大宴群盗，以示庆贺。但是，海盗们多数不习惯西餐的繁文缛节，觉得十分别扭。于是生性豪放的海盗们独出心裁，发明了这种自己到餐桌上自选自取食品的方式。

这就是海盗们最早发明的"自助餐"。

后来，西餐馆老板将这种用餐方法进行了规范，丰富了食品的内容和品种，便成了今日的自助餐。

自助餐是现代世界各国人们喜欢的一种用餐方式，省略了许多点菜的麻烦、配菜的心思和礼让的烦琐，更主要的是经济实惠。人们只要出一个价钱，便可以在最短的时间和有限的空间内，尝尽各式美食。

"所以，说海盗是'自助餐'的发明者一点也不过分，""海上罗西"最后说，"航海的故事，三天三夜也讲不完！"

"海上罗西"的回答，不仅使餐费打了折，还使康辉知道了自助餐的来历。回航的路上，康辉兴奋地说："航海给人带来的知识，真是太多了。我一定要珍惜这个职业，做一名博学多识的远洋水手。"

"赤道龙王"与"酒鬼"

　　"达利森"号船长是位华裔美国人，名叫布莱恩·曹。他快人快语，幽默率直，深受船员喜爱。

　　"达利森"号的船员来自世界各地，是艘"混搭船"。

　　这天，"达利森"号将驶往赤道海域，船长接到船舶代理公司通知：当下正值赤边附近过"赤道龙王节"，一场在船舶上举办的"赤道仪式"必不可少，希望船方给予配合。

　　曹船长见多识广，参与过多次赤道附近的活动。他不仅连说OK，还特地让船上准备了丰盛的菜肴。

　　过赤道仪式是项古老的传统活动。首次过赤道的海员必须接受"赤道龙王"的洗礼。"赤道洗礼"最早出现在 15 世纪末，那时航海技术不发达，人们摇橹扬帆，漂洋过海，凶多吉少。过赤道时，往往由老水手扮成"赤道龙王"，用绳索把年轻水手，从一舷抛下海，再从另一舷拉上来。这样就可以说是到赤道龙王那里报过到了，今后航海就不危险了。

这是一种古老传统的迷信活动，现在已经销声匿迹了。不过，逢年过节，赤道附近的居民还是会与船方一起举办过赤道仪式。

船上的大厨贾瑧是位地道的山东大汉，高大敦实。尽管贾瑧平时滴酒不沾，但他因有个突出的"啤酒肚"，而被船长戏称"酒桶贾"。贾瑧首次过赤道，十分兴奋，不仅做了满桌佳肴，还特意打扮了一番。

中午时分，一艘五彩缤纷的小船靠上"达利森"号船舷。

船长率领船员列队在甲板上欢迎。

贾瑧和首次受洗礼的船员身着短裤，光着脊梁，毕恭毕敬地站在甲板上恭候"赤道龙王"。

"赤道龙王"是一位老者用鱼皮装扮的，肩挂各色木制饰品，手持金色龙杖，威风凛凛，在一群脸上涂满各种油彩"小鬼"的簇拥下登上甲板。

仪式开始，贾瑧和伙伴们在一群手持钢叉和腰刀的"小鬼"簇拥下，依次被唤到"赤道龙王"面前。先由拿着碗口大小"听诊器"的"鬼医生"检查身体，接着把船上通风筒取下来放在甲板上，受洗礼者依次钻过去，意为"脱胎换骨"。然后两名手持钢叉的"小鬼"轮流朝每个人头上画一种涂料，叫"改头换面"。随之又把成桶海水由头浇下，称作"冲洗灵魂"。

经过以上考验后，受洗礼的船员会被重新唤到"赤道龙王"面前。

"赤道龙王"正襟危坐，嘴里念念有词，正式宣布在"生死簿"上勾掉了受洗礼者的名字，并根据每人的特征分别起了个赤道诨名："沙丁鱼""月亮神""磁铁猫"……

轮到贾瑧，"赤道龙王"朝贾瑧上下打量一番，接着将鼻子凑近贾瑧脸前，闻了闻，摇头摆尾地说："酒鬼！"引起人们一阵哄笑。整个仪式充满了欢乐和友好气氛。

贾瑧高兴之余，却满脸无辜：自己滴酒未沾，"赤道龙王"竟给自己起了"酒鬼"的诨名，难道是因为自己的啤酒肚？

晚餐时，贾瑧找到了船长。开始船长不以为然，笑着说："怕是'啤酒肚'惹的祸！"然而当船长凑近贾瑧时却闻到了满嘴酒气，船长疑惑地说："喝酒了？"

贾瑧拼命地摇头："我不喝酒，船长您是知道的。"

当许多人都从贾瑧嘴里闻到一阵阵酒气时，确定无疑："贾瑧喝酒了。"大厨贾瑧偷偷喝酒的消息，很快传遍了全船。

一直快言快语的船长一时无语了。从不相信鬼神的贾瑧，也开始怀疑"赤道龙王"的魔法，彻夜做起噩梦。

不久，"达利森"号进船厂船修。贾瑧悄悄离开船厂来到医院检查。护士发现贾瑧血液里酒精浓度居然高达 3.7%。

贾瑧惊呆了，自幼滴酒不沾的人，血液里怎么会有高达醉酒程度的酒精浓度。

医生经过检查后找到原因：贾瑧的肠道里有过多的酿酒酵母，当他摄入含有丰富淀粉的食物或饮料，特别是巧克力时，酵母就会将分解的糖酿成酒精，存放在体内，平时他不会有什么症状和感觉，但久而久之，体内就会产生酒精。

从小贪食巧克力的贾瑧终于找到了原因。

医生解释说：贪食巧克力的人有 61% 以上的人患有自动酿酒症。由于巧克力含糖较高，在人体内分解的葡萄糖可变成葡萄糖酒精，容易使人患上自动酿酒综合征。这种人群占比例不大，平时也没有别的反应，但要是任其长期发展下去就会影响健康。

贾瑧把结果写信告诉了船长：他决心戒食巧克力，加强锻炼，去掉啤酒肚，有朝一日重返"达利森"号。

船长布莱恩·曹给贾瑧发来短信：如果有机会再参加"赤道洗礼"，让"赤道龙王"重新给你起个诨名。

"吃遍天"大厨

　　"海星"号大厨庞博的祖父当年是清廷御膳房的挂牌御厨，有贵族血统的庞博原是京城"京华食苑"饭店的掌勺。

　　几年前，庞博与人合伙，在京城龙潭湖附近开了一家"船餐厅"。"船餐厅"起源于明清时期的官宦人家，外形和内部装饰都形似"龙舟"。餐厅以宫廷菜为主，主打"山珍海味"，生意十分火爆。

　　一天，"船餐厅"来了一伙远洋船员。船员虽然对"船餐厅"的装饰风格感到惊艳，但并没有对"船餐厅"的食物表示满意，反而一直对外国美食赞不绝口。特别是一位号称"海上厨王"的船上大厨把国外的美食夸得天花乱坠，并说，挪威奥斯陆的"船餐厅"，才是真正的"海味餐厅"。

　　说者无心，听者有意。一贯自信的庞博来了情绪，世界上还有比自己家还吸引人的餐厅？！

庞博准备随船远洋，外出看个究竟。于是，庞博来到"海星"号船上应聘做了大厨，开始了他的环球美食大旅行。

"海星"号在世界各国港口来往穿梭。在日本的大阪港，一桌闻名于世的"河豚宴"使庞博大开眼界：设有榻榻米的雅堂里，数小款陶瓷餐具，优雅而别致。

"河豚宴"有八道菜，第一道是海豚鳍泡的清酒；第二道是凉拌河豚皮：松脆而有韧性的河豚皮切成细丝缀以生姜和麻仁，使人瞬间满口鲜香；第三道是压席的"刺身"菜，晶莹剔透的生河豚鱼片，配以各种佐料，令人回味无穷；第四道是熏烤豚白，犹如奶酪，滑而不腻；第五道是炸豚盎，将河豚取肉后留下的碎骨架，拖粉蛋糊软炸而成；紧接着是河豚火锅，满锅不见半点油花，清香可口；第七道是河豚鱼片煲饭，配上日式泡菜；最后一道是餐后饮品，冰镇野橘汁和九州绿茶。

船停靠在韩国的仁川港时正值韩国的美食节。"海星"号原来的大厨朴成哲是地道的韩国人，现在正在家休假。

庞博来到朴成哲家里，朴成哲家的院落和阳台上摆满了大大小小的泡菜坛子。朴成哲介绍说，韩国的泡菜是美食节的主角，是韩国最主要的菜肴之一。泡菜在腌制中产生大量乳酸菌，有助于消化。韩国泡菜的种类和美味，远超出庞博的想象。

朴大厨说，在中国的《诗经》里出现的"菹"字就是泡菜，韩国人认为这是世界上最早记载泡菜的文献，这也说明了中韩之间文化交流的源远流长。

没来韩国前，庞博印象中的韩国泡菜仅是辣白菜。望着庭院中大大小小泡菜坛里各式各样的菜蔬，庞博感慨地说："不出来不知道，世界真是太奇妙了！"

"海星"号离开韩国，来到澳洲的著名港口——布里斯班。

来布里斯班前，庞博就听说，澳大利亚是厨师眼中的"美食天堂"。

澳大利亚的餐桌上，几乎覆盖了世界各国的美食：越南的鱼鲜、意大利的腊肠、中国的熏肉、黎巴嫩的野鸡……还有来自北非、印度、马来西亚和地中海的调料，这一切，成就了"Mod Oz"（现代澳大利亚菜肴）。

在布里斯班码头边的市场里，一排排的美食大排档像艺术展台一样：牡蛎、野鸡、鸭胸、鱼片、牛排……特别那些带有"血丝"的牛排，令人难忘。厨师边在烤炉上翻动着吱吱冒烟的牛排，边跳着舞蹈，使人的嗅觉和视觉同时受到"诱惑"。

"海星"号从澳洲驶向了欧洲。

船先停靠在德国的汉堡港，这里的美食让庞博有些失望。德国人喜欢肉食，尤其是香肠。德国的"国菜"就是酸菜夹满香肠。菜以酸咸为主，烹饪以烤焖、串烩为主。不过，德式的生鲜、烤杂肉、肉肠和蒸甜饼等菜肴还是非常符合中国人口味的，庞博准备把它们一一引入自己的"船餐厅"。

"海星"号紧接着离开德国驶进了法国的马赛。上船前庞博就知道法国是个美食大国，奶油巧克力和酒烹嫩炸鸡扬名天下。庞博除吃到了这些美食外，还品尝了号称"美食之王"的法国黑菌。

黑菌又叫"块菌"，被称为"食中之王"，长在橡树根部。

黑菌中所含的特殊物质世上罕见，在烹饪界有"黑黄金"之称，珍贵程度可与黄金媲美，有"一克黑菌一克黄金"之说。

离开法国，"海星"号来到了挪威的奥斯陆港。这里就是之前船员所称赞的、世上最盛威名的"船餐厅"所在地。

此时正值夏季。北极圈内奥斯陆气候宜人，游人如织。大大小小的"船餐厅"生意十分火爆。各式各样由渔船搭建的"船餐厅"星罗棋布坐落在码头边，人满为患。

"船餐厅"的招牌菜是火蒸鳕鱼。鳕鱼是经过三年腌制的"老咸菜"。鳕鱼蒸前要在清水中浸泡24小时，彻头彻尾去掉咸味后，再用大火蒸煮。然后用过油的培根，煮过的土豆与咸鱼共同入盘，满嘴喷香。

"船餐厅"的各类海鲜均是原汁原味，与"土乡土色"的渔船餐厅十分协调。挪威人不好咸味，淡淡的鲜香充满了整个海岸，朴素而原始。

"海星"号离开奥斯陆时，人们对庞博说："要是将远航学到的这些东西都端上你的'船餐厅'，顾客肯定会挤爆！"

庞博不慌不忙边整理材料边回答说："美洲和非洲我还没去过呢。我要等到吃遍天下美食，再回到中国。"

从此，庞博有了"吃遍天"大厨的美称。

"魔鬼海"的飞鱼宴

　　这个故事发生在号称"魔鬼海"的百慕大三角。1985 年的一天，"海王星"号来到了这个神秘的海区。

　　"开饭喽！"

　　除了值班的，其他船员都在船舱里呼呼大睡。

　　大厨喊破了嗓子，摇碎了就餐铃，上下跑了好几趟，终于，休班的人员都汇集到了餐厅。望着满桌用飞鱼烹饪的大餐，个个垂涎欲滴。

　　谁知，看似鲜嫩的鱼肉却嚼不动，甚至有股难言的腥涩。

　　眼前的情景，使船员们想起昨天船过"魔鬼海"时既惊心动魄又匪夷所思的一幕。

　　"海王星"号接到由波兰格但斯克驶往美国迈阿密的任务时，全船沸腾了：船要航经百慕大三角海域，这可是有名的"魔鬼海"。根据航海史记载，十九世纪以来，在此海域失踪的船舶近百艘，还有多架飞机在此地神秘消失。

天刚亮，"海王星"号逐渐驶进了"魔鬼大三角"海域。此刻天空碧蓝，风平浪静。沉寂的海面却使人感到莫名其妙的恐惧："难道这就是人们'谈海色变'的魔鬼海吗？"

正当船员们疑惑不解时，忽然间，船头方向遮天盖日般涌来一大片飞鱼，它们伸展着长长的鱼翅，贴着水面流星般在船舷两侧穿梭，场面十分壮观奇妙。

紧接着奇迹发生了，成群低飞的飞鱼纷纷散落在甲板上翻腾跳跃。不一刻，飞鱼像中了邪一样，张着大嘴瞪着眼睛，直愣愣地躺在甲板上。条条飞鱼宛如雪片铺满甲板，腹胀如鼓，硬邦邦的。

船员们望着眼前的景象痴迷发呆。突然听到一声惊雷，天空顿时乌云密布狂风大作。海面掀起滔天大浪，船左右摇晃20多度，船体不断发出"咯咯"的怪叫声。

船员们紧张地登上驾驶台。

为减少船体摇摆，船改变了航向。就在这一刹那，前方传来一阵阵断断续续的闷雷声。接着，铅色的天幕下，一个硕大的银灰色水柱腾空而起。

"龙卷风！"船员们惊叫。水柱急剧旋转升腾，上端是团蘑菇状浓云，下端连着海面，与海面形成70多度的夹角，水柱从船首呼啸而过，然后缓缓向远方移去。

这时，驾驶台值班的舵工发现：船向偏离船首30多度，船上的导航和通讯也中断了，所幸并无其他伤亡。到了傍晚，海面渐渐恢复了平静。

余悸未消的大厨望着满甲板的飞鱼突发奇想，想搞个"飞鱼宴"犒劳船员兄弟。谁知，弄巧成拙。"飞鱼宴"不仅没有鲜美的鱼味，连肉都嚼不动！

靠岸后，大厨带着疑问请教了有关海洋专家。

专家说，"魔鬼大三角"海域出现的神秘性灾难是由多种因素造成的。

有人认为，这是由墨西哥湾暖流引起的复杂气象而产生。也有人认为这个海区海底火山周期性爆发，是地壳下沉产生飓风和磁暴形成的"船吸"现象形成的。当代更多科学家则认为"魔鬼大三角"海域有股从海面到海底间下的奇特海流构成"涡旋"运动，等等。

关于飞鱼变味变硬的原因，专家指出，"魔鬼大三角"海域风暴来临前后，会出现次声波。次声波不仅加大了风浪的振幅，还改变了海面的气压，促使大量飞鱼跃上水面呼吸。跃上船甲板的飞鱼受到次声波的刺激，不仅鱼的鲜味发生了改变，体内细胞亦发生异化，因此变得"坚硬"起来。

大厨精心准备的"飞鱼宴"虽然没达到预期的效果，却使船员们意外收获了知识。

圣诞晚餐的"怪物"甜点

"海豹"号船员来自世界各地，是艘混搭的远洋货轮。圣诞节前夜，"海豹"号来到了美国的南安普敦港。

大厨凯恩早就准备好了圣诞节的美食，餐桌上摆满了烤火鸡、生拌三文鱼、红肠、树根蛋糕、姜饼条、三色塔沙拉等美食。

最后，大厨凯恩端上一道名叫"怪物"的甜点，食材是一堆土豆。

"哥伦布土豆是欧洲人的救命恩人。"大厨神秘地说。

这是中国水手童欣第一次在国外过圣诞节。童欣边吃边思索："怪物"与"救命恩人"驴唇不对马嘴，"怪物"甜点与哥伦布有什么关系？为什么叫"哥伦布土豆"？为什么说它是欧洲人的救命恩人？这里面一定有文章！

晚餐后，童欣去找大厨凯思。醉眼惺忪的大厨只说了一句：

"这道甜点是船长亲自点的。"

一路上童欣忙着装卸货、加油、保养，直到"海豹"号驶离港口，童欣才有机会敲开了船长的房门。

童欣知道船长霍姆斯来自哥伦布的家乡意大利的热那亚。意大利的热那亚是航海家的摇篮，那里诞生了众多知名航海家。

霍姆斯是一位忠实的哥伦布迷，还在航海学校读书的时候，哥伦布发现美洲大陆的英雄故事令他赞叹不已。船长霍姆斯十分喜欢好学多问的童欣，向她讲起了"哥伦布土豆"的故事。

哥伦布出生在热那亚一个守门人的家庭。一次偶然的机会，哥伦布来到叔叔看守的灯笼塔玩耍。

灯笼塔是意大利热那亚的标志，也是世界上最古老的灯塔之一。在塔顶望着海面进进出出的航船，哥伦布再也控制不住自己，高声叫道："我要做一名海员！驰骋在大海上的'海神'啊，我什么时候才能登上甲板！"

终于，在哥伦布十岁的时候，登上了他向往已久的"海神"。经过四年多的海上磨炼，十四岁的哥伦布正式成为一名地地道道的海员，他也是当时世界上最年轻的海员。

15世纪末期，哥伦布率领一支庞大的船队，经历了千辛万苦，终于登上了美洲大陆。他们以为来到了传说中遍地黄金、盛产香料的富庶的东方。但是，这里既没有黄金也没有香料。船员们发现，在这片贫瘠的土地上，长着一种看上去稀奇古怪的食植物——土豆。

哥伦布在航海日记里记下了这种闻所未闻的"怪物"：把一

堆球根栽种后，它会长出生权的茎，开出紫色的花。这些植物的根在地下，根上连着一群鸡蛋大小的东西。把鸡蛋大小的东西煮熟后，色味俱佳。

哥伦布将这种"怪物"带回了欧洲。

有信仰的欧洲人见到土豆犯了难：《圣经》里没有关于土豆这种"怪物"的记载。当时有人说它是一种靠不住的植物，认为它的根、块茎形状怪异，藏着"凶神恶煞"，吃了它，人们会得病。因此土豆在欧洲长期被人们拒绝食用。

但是，土豆的适应性很强，在任何土地里都能苗壮生长，而且只需要四个月的时间就能成熟。在欧洲小麦歉收的年份，土豆的收成却十分好，直到饥荒和战争在欧洲蔓延，"怪物"土豆的命运才有了转机。

一位来自法国的名叫安东尼·帕门提尔的人，原是军队中的药剂师，在战争中被普鲁士俘虏。在这之前，因为饥荒，很多普鲁士人开始食用土豆。在牢里，土豆成了安东尼·帕门提尔唯一的食物。

回到法国的帕门提尔在法国国王路易十六的生日宴会上，献上了紫色的土豆花，并说服国王和王后接受了"怪物"，王后还把紫色的土豆花戴在发髻上做装饰。

"怪物"被堂而皇之地摆在了宫廷的筵席上。不久，国王和王后又赐给了帕门提尔一块土地，专门种植"怪物"土豆。

从此，"怪物"找到了大显身手的机会。"怪物"土豆使饥荒和战争年代的欧洲找到了救命的食材。欧洲各国先后广泛种植这种高产的粮食，后来土豆从西方传到了东方。每到圣诞节之夜，欧洲人总忘不了做上一道"怪物"甜点——土豆。船长霍姆斯说："这是对土豆的感激，也是对哥伦布发现美洲大陆的纪念。"

船长霍姆斯说着拿出一张珍藏已久的照片，这是在哥伦布家乡纪念馆拍的照片：一帧高悬的镜框里，并排摆着四枚徽章，第一枚和第二枚是卡斯利亚和莱昂王室的徽章——城堡和狮子；第三枚是海浪拍击的金色岛屿；第四枚是五个铁锚加上金色原野。

船长最后自豪地说："这是哥伦布生前得到的最高奖赏，至今悬挂在热那亚的哥伦布纪念馆里。'哥伦布土豆'是海员的光荣，它记载着人类航海的光辉历史！"

"酒桶"的意外收获

这天，"凯蒂"号驶经赤道海域。

大厨皮特首次过赤道。按照赤道附近居民的习俗，首次过赤道的海员要举行过赤道的仪式：赤道附近的居民装扮成各式各样的"小鬼"，簇拥着身着龙袍头戴龙帽的"龙王"，在激昂的锣鼓声中走上甲板，为首过赤道的海员进行洗礼和祈福。并且"龙王"会按照每个人的特征为其起个过赤道的绰号。这是项古老而传统的娱乐活动。

大厨皮特人高马大，还有个圆圆的啤酒肚。"龙王"拍着皮特的大肚皮，笑着说："酒桶！"

平时就对自己肥胖懊恼的皮特一脸茫然和无奈，连声叫苦道："酒桶，酒桶，该死的酒桶！"

站在一旁的米奇尔船长，哈哈大笑起来："好名，好名！'酒桶'可是航海史上最早的船秤呢！"

为了解开皮特心中对"酒桶"的疑惑，米奇尔船长专门安排人帮厨："安心到书屋去找答案啦！"

米奇尔船长不仅幽默开朗知识渊博，还特意在船上设了间"海上书屋"，里面有许多有关航海知识的书籍。刚上船不久的皮特还未光顾过近在咫尺的"海上书屋"呢！

终于，被"龙王"称为"酒桶"的皮特，在"海上书屋"里找到了答案。

原来，古时候，表示船的大小方法大致有两种类型：货舱的容积和货物的重量。以谷物运输为主的古埃及，用谷物的容积来表示船的大小。地中海沿岸国家对装运酒的船舶，按装多少酒桶来计算。而以装运盐、铅、铜之类金属为主的古希腊、罗马都按照货物的重量交纳各种税收。可谓五花八门，各行其是。

船东为了多装货、少交税动足了脑筋，却也给船舶安全航行带来了隐患。

为了确保航行安全，对重大的货物，人们为防止过载制定了船舶吃水线。对比重小的轻泡货，则要求不允许在船员住舱和储藏舱室装货。

船舶的"船秤"是英国与法国进行酒类贸易产生的，也就是"酒桶"的功劳。

开始装酒的桶大小不一，直到1416年之后，才逐渐统一起来。容积为34立方英尺，装上酒的重量为2240磅的酒桶得到广泛使用。船舶的大小以能装载酒桶的数量来表示。例如100吨的船，说明该船能装100个这样的酒桶。

久而久之，2240磅的酒桶定为一吨，"酒桶"成了船舶的"船秤"。

但是最开始的时候"酒桶"不是唯一万能的"船秤"。北欧许多国家，比如瑞典等国，以一辆马车所载货物的多少来表示船的装载能力。

随着航海和贸易的发展，以一种统一确定的方法来计算船舶的吨位的呼声越来越高。

这时，威尼斯一位船老大，用船的龙骨长度乘以船宽再乘以船深，最后除以6的式子来表示船的容积。在英格兰一个所谓的"老木匠"，则以船长、船宽相乘再除以96来表示船的容积。但是这些方法对装载货物船舶来讲十分困难。

直到1821年，英国政府提出"吨位的丈量，不应按照目前的装载能力为基础，而应以内部容积为基础"的论断。

这是以酒桶为丈量基础的复活，"酒桶"再次被推上了台面。

这种新方法是把甲板长度分为六等分，在这些等分处把深度分成五等分。在这些选定的等分点丈量宽度，算出甲板下的吨位，再与甲板上的吨位加起来，就是船的总吨位。

但是，这个办法推行后，人们发现测量结果比"酒桶"方法丈量的结果大。

1849年，英国政府再次成立了专门委员会，制定了新的丈量法。

新的丈量法是由专门委员会主席乔治·穆尔萨姆提出的，被称为"穆尔萨姆法"。"穆尔萨姆法"以尽可能丈量船舶的内部容积为目的，丈量范围包括甲板以下容积和甲板上作为旅客、货物的屋子以及储物间的所有容积。

这种方法很快在欧洲各地兴起。

但是，实践过程中，人们开始把船员住舱、储物间、燃油舱这些不能载货的容积从总吨位上减去，就有了"净吨位"的亮相。

1872 年，在君士坦丁堡专门召开的国际会议上确定了这个新的吨位丈量规则："穆尔萨姆法"。

在这个新规则执行初期，各国虽然都采用了"穆尔萨姆法"，却各自颁发船舶吨位证书，由于丈量时无差异，彼此相互间也都承认对方的船舶证书。

"酒桶"规则得到了真正的认可和执行。1969 年，国际海事组织（IMO）正式确定了"穆尔萨姆法"的法律地位。

"酒桶"在制定船舶吨位过程中的作用，至今常常被海员们津津乐道。"酒桶"皮特的额外收获，也成了"凯蒂"号船员茶余饭后的谈资。

"水手咖啡馆"的奖品

"咖啡能提神、醒脑、防疲劳。这是人们对咖啡功能的共识。但是，你们不要忘记水手是咖啡的真正传播者！"

这是海默船长的口头禅。

海默船长是咖啡的忠实"粉丝"。

一次，海默船长驾船来到号称"雾廊"的海域。四处雾色茫茫，百米内不见船影，只能听到此起彼伏的汽笛声。

海默船长坚持站在驾驶台，一天一夜未合眼。疲惫和睡意使海默船长连连打着哈欠。

这时，一位水手端来一杯热腾腾的咖啡。咖啡下肚，海默船长顿时精神倍增，睡意全无。

"咖啡真给力！"从此，驾驶台多了一杯专为海默船长准备的咖啡。

海默船长与咖啡建立了深厚的"感情"，随着远航的足迹，世界许多著名咖啡馆，如"星巴克""塞纳左岸""莱茵咖吧"等都留下了他的身影。

而且，海默船长还知晓这些著名咖啡馆的来历和秘密："星巴克"咖啡馆的创始人是位出身贫苦的人，因"偷"咖啡被父亲责骂，最后发誓要开世界最大咖啡馆的故事；"塞纳左岸"店名的蹊跷来历……

但是，位于阿拉伯半岛也门亚丁港的一座享誉航海界的咖啡馆——水手咖啡馆，海默船长虽向往已久，却尚未光顾过。

据说，这座以水手名义开设的咖啡馆，虽门面不大，但一项类似东方"摸彩"的活动却能引来众多顾客，特别是远航的海员。中奖者不仅可以打折品尝各式特色咖啡，还能有幸与咖啡馆创始人画像留影。

终于，机会来了。海默船长驾船来到了位于阿拉伯半岛的亚丁港。

阿拉伯半岛是咖啡的故乡。亚热带雨林里长着一丛丛的神奇常绿灌木——咖啡树。咖啡树开着白色花，结着深红色坚硬的果实，敲开硬壳，里面是气味迷人如豆粒般的"咖啡豆"。人们把"咖啡豆"碾碎烧煮饮用，饮品提神醒脑，深受当地人的喜爱。

人们把这种新型饮料称作"咖啡"。

不久，阿拉伯半岛许多地方陆续开设了咖啡馆，一些形形色色的人聚集在咖啡馆：公务员、商人、政客、作家、水手……店堂里充满了争吵声和讨论政治的声音；一些寺院的僧侣也被吸引到咖啡馆，荒废了寺院的正常工作。

"咖啡馆"触怒了当权者和宗教领袖，被勒令关闭，一时风靡整个阿拉伯半岛的咖啡被禁饮了。

但是，阿拉伯半岛地处三大洲的航海交通要道。经过无数天海上漂泊的水手，没有忘记使他们解除疲劳和兴奋的咖啡。水手们不能在店上喝，就把咖啡带上船。在暗暗的羊油灯下，喝口苦涩而香郁的咖啡，既能提神醒脑，又能消除疲劳。咖啡与水手结下了不解之缘。

"咖啡伴着远航水手的足迹，漂洋过海。来到地中海，来到罗马城；来到欧洲，来到非洲……水手是咖啡忠实的传播者！"

海默船长常常向船员讲起水手们引以为豪的这段历史。

难道，"水手咖啡馆"与这段历史有关？

海默船长怀着好奇和疑问来到这座咖啡馆，咖啡馆设在离码头不远的商业街上。门前挂着一块招牌，招牌上是一位水手躬身捧着一杯咖啡的照片，下面写着一行使人眼前一亮的字："水手咖啡馆"。

初看，这座咖啡馆并不起眼。走进门里，一位额头缠着头巾的老人笑容可掬地喊道："欢迎光临！"

海默船长环顾四周，整个店铺不大，也就只能坐下二十几个人。虽然时间已晚，里面仍然人声鼎沸，看样子大多是远航的水手。

一盏橘色的灯光照在正面墙上已经泛黄的画像上，画像中是一位穿着海魂衫的老者。

缠头巾的老人告诉海默船长："这是我曾祖父，穆罕默德·阿基姆。"

　　陪同海默船长的船舶代理接了一句："咖啡馆的创始人。"

　　缠头巾的老人接着介绍说，一百多年前，阿基姆是位远航水手，与其他水手一样将研制好的咖啡带上船。除自己享受外，阿基姆还把咖啡带到了世界各地，是忠实的咖啡传播者。后来他们的行为被当局发现，当局除了禁止他们的行为外，还把船上的咖啡全部抛到海里……阿基姆没有甘心，他们将未研制的咖啡豆伪装好悄悄带了出去。这些咖啡豆成了以后各地种植咖啡的种子。

　　随着咖啡在世界范围广泛传播，咖啡不再成为禁品，退休后的阿基姆在家开了间"水手咖啡馆"，除维持生计外，主要还是想纪念那段难忘的历史。

　　但是好景不长，一次特大的海啸，使这座咖啡馆毁于一旦。阿基姆临终前立下遗嘱："要重建水手咖啡馆，世代传下去！"许多水手纷纷在店馆门板上写下留言："请早日开门！"

　　终于，"水手咖啡馆"重新开张了。至今，"水手咖啡馆"已经在几代人手里延续。

　　讲到这里，海默船长想起咖啡馆的"摸彩"活动。

　　缠头巾的店主笑着把海默船长带到旁边一间屋内，打开一只深红色的木箱，箱子里面放着许多五颜六色的纸袋。店主随手取出一个纸袋，纸袋里面盛着几颗深红色的咖啡豆。店主解释说："这是祖上留下的规矩。水手是咖啡的传播者和'伴侣'，凡进店的水手一律给予优惠。同时学习了东方的'摸奖'的办法，把咖啡豆装进纸袋，按袋内咖啡豆的数量多少进行打折。"

　　听到这里，海默船长顺手摸了个纸袋。打开一看，里面有五颗深红色的咖啡豆。

　　海默船长按规则打折品尝了咖啡，并与墙上那位"水手咖啡馆"创始人合了影。

　　海默船长的咖啡馆笔记又增加了新的一页。

"老轨"与"香槟酒"的故事

船上的轮机长俗称"老轨"。

年过半百的"老轨"杭屹不吸烟不喝酒，业务能力强，有"船上好男人"和"机舱神探"的绰号。通过"闻、听、看"的功夫，他能毫厘不差地找出机器的毛病，是公司接新船的"专业户"。

"老轨"平时滴酒不沾，却偶然地与香槟酒结缘。

"老轨"与香槟酒结缘是从他第一次接新船开始的。

那一年，"老轨"来到欧洲一家著名造船厂接艘新船，船厂按惯例举行了隆重的轮船命名及下水典礼。

坞台周围彩旗飘飘，气球高悬，在一阵高昂雄壮的军乐声中，一位身着盛装雍容华贵的女子，缓步走向船头。她举起盛满香槟的酒瓶，在人们阵阵掌声和欢呼声中，猛地砸向船头。顿时，瓶碎酒溅，醇香的酒味弥漫四周。

这场面，"老轨"第一次看到，激动不已，他把手都拍红了，久久不能忘怀。

人们称这种仪式叫"掷瓶礼"。

在科技落后的古代，航海是既艰辛又危险的职业，海难事故频发。每逢遇到海难时，船上存活的人只能将求救信和遗嘱装在封好的酒瓶里，抛向大海，任其漂流，希望其他船上的人或岸上的人能发现。

所以，每当海上起风暴或船没有按期归来，船员的亲人就会纷纷聚集到岸边祈祷和期盼亲人平安归来。

但是，残酷的事实往往令人失望。亲人和家属偶尔能见到令人心碎的"漂流瓶"，却常常不见船员归来。

人们希望海上不再有让人心碎的"漂流瓶"。为了祈求平安，人们决定，在新船下水时，将盛有香槟的酒瓶砸碎在船头，让醇香的香槟布满船头，意为"驱邪消灾"，以此祈祷海难永不出现。

如今，海难不再频发，抛砸香槟酒的"掷瓶礼"却保留了下来。

抛砸香槟酒的大都由出自名门望族的身份显赫的女子执行，号称"教母"。1930年，下水的超级豪华邮轮"伊丽莎白"号的教母为伊丽莎白女王。她的女儿卡洛琳公主则是"伊丽莎白Ⅱ"号的教母。摩洛哥葛利丝王妃在"海洋女神"号下水仪式上执行了"掷瓶礼"，英国的戴安娜王妃为"皇帝公主"号抛撒了香槟酒……

这次接船，"老轨"收获不小，并特意收藏了一瓶香槟酒作为纪念。随着日后接新船次数的增加，"老轨"家里的酒柜摆满了各式各样的香槟酒。

　　香槟酒成了"老轨"的宝贝，常在人们面前显摆。

　　但是，有一位船员的提问使"老轨"陷入了尴尬："为什么每次执行'掷瓶礼'的都是女子？"

　　"老轨"沉默了。是啊，执行"掷瓶礼"的都是女子，这是咋回事？

　　终于，杭屹"老轨"去接另一艘新船时找到了答案。

　　古时候，造船工匠把造船比作"塑造一尊女神"：修长的船身如同女子纤细的腰肢；船壳被涂抹上色彩斑斓的油漆，是"雍容华贵"的衣裳；连敦实厚重的船尾也被当作女子性感的"臀部"。

　　"女神"在大海里迎风击浪，常有一群男子围绕在她的身边"伺候左右"。每当"女神"远航归来驶入港口，总是朝着浮筒前行。这些浮筒是群充满激情的"男孩"（男孩：英文 boy 与英文浮筒 buoy 谐音），它们热情地排上去，向"女神"问寒问暖，热情异常。

　　所以，在航海的习惯上，人们把船舶"性别"定为"阴性"，称呼船为"她"，而不用"他"。同类型船舶不能称"兄弟船"，而要称"姊妹船"。

　　鉴于历史上沿袭的习惯，至今全世界新船出厂的处女航，都是邀请女性为其命名和举行"掷瓶礼"。

　　"掷瓶礼"的习俗已经沿袭了几个世纪。起初这种习俗只在西方国家盛行，后来又传到了中国。

　　"老轨"与香槟酒的故事，使杭屹"机舱神探"的头衔上加了个"香槟酒老轨"的美名。

海上"星巴克"

　　彝臻来自中国内地一个贫苦的牧民家庭，从航海学校毕业后不久，他就来到了这艘外籍远洋货船上做水手。

　　彝臻喜欢喝咖啡是从登上"星巴克"号开始的。

　　"星巴克"号货轮是以世界著名咖啡店"星巴克"命名的，船舱的餐厅里摆着一把硕大的咖啡壶，里面的咖啡免费向船员供应。咖啡壶上贴有一张"星巴克"创始人舒尔茨的照片。

　　据说，"星巴克"号船东与舒尔茨都是美籍犹太人。

　　彝臻心想：这里面一定有玄机。

　　"星巴克"号靠上西雅图"老人与海"船厂坞修时，正赶上"星巴克"号下水十周年的纪念日。

　　庆祝活动热闹非凡，船东的亲朋好友和航运界的精英大腕云集船上。其中一位胖胖的鬓发斑白的老人引起了彝臻的注意——这人与咖啡壶上的照片中的人一模一样。人们告诉他：这位老人就是"星巴克"创始人舒尔茨。

船东巴沙尔是位中年汉子，他热情地将舒尔茨迎进船上贵宾室。

水手长汤姆给彝臻讲述了船东巴沙尔与舒尔茨间的一段感人故事。

"二战"期间，巴沙尔全家为躲避法西斯的屠杀，漂洋过海亡命美国。贫病交加的父母先后离世，孤苦伶仃的巴沙尔终日流浪街头。

一天黄昏，饥肠辘辘的巴沙尔昏倒在一家咖啡厅前。待他醒来时，自己已经躺在了咖啡厅的沙发椅上，桌上放着一杯热气腾腾散发着芳香的咖啡，巴沙尔热泪盈眶。

听完巴沙尔的遭遇，店主破例留下了巴沙尔，让他成了咖啡店的一名员工。

尽管出身贫苦的巴沙尔生活有了保障，但悲惨的身世使巴沙尔对未来失去了信心，他终日无精打采闷闷不乐。一天，心不在焉的巴沙尔失手打碎了盛满咖啡的杯子，还弄脏了客人的衣物。

店主不但没有责怪他，还把他带到贫民区一座破旧的老房子面前，向他讲了一个老房子主人的故事。

四十多年前的圣诞节那天，家家灯火璀璨，美食飘香。

老房子里一个十二岁的小男孩和他的两个弟弟却饿得肚子咕咕叫。因车祸失去工作的父亲，没有了经济来源，整天以酒消愁。

挨打受骂是兄弟三人的家常便饭，母亲一时借不到钱，只好把三个孩子全都赶到街上玩耍。

圣诞节促销商品琳琅满目。一罐包装精美的咖啡使十二岁的小男孩萌发了异想，他想让多天未沾咖啡的父亲开心一下。于是趁店主不注意，小男孩快速将咖啡罐塞到衣袋里，不巧这一幕正好被店主看到了。

小男孩撒腿就跑，自以为甩掉了店主。

回到家里，小男孩急忙打开咖啡罐，咖啡香浓的气息飘逸而出，父亲十分开心。然而，父亲还未来得及品尝，店主就赶到了。

小男孩遭到父亲一顿毒打。

刻骨铭心的圣诞之夜，使这个十二岁的小男孩终生难忘。

后来，小男孩长大成人，进入了北密歇根大学，一边打工，一边读书。

艰苦的环境使他不断成长。大学毕业后，他从一个普通的销售员做起，最终晋升为一家公司的总裁。

就任总裁的当天，父亲打电话想要见他。然而他当时由于忙着与一位客户谈判，没有时间回家。几天后，父亲去世了。

在整理父亲遗物时，他发现了一个锈迹斑斑的咖啡罐——正是当年他偷来的那个咖啡罐！

盖子上面留有父亲的笔迹：儿子送的礼物，1964 年圣诞节。罐子里还有一封信：

"亲爱的儿子，作为一位父亲，没能给你提供优越的生活环境，我很失败。但是我也有梦想。我最大的梦想，就是拥有一间咖啡屋。悠闲的时候为你们研磨咖啡，这个愿望我无法实现了。我希望你能拥有这样的幸福。"

读完这封信，他感慨万分。昔日的打骂成了珍贵的记忆，苦难也成了奋斗的动力："既然父亲的愿望是开间咖啡馆，那我替他实现这个愿望吧！"

后来，他辞去公司总裁的职务，专心留意与咖啡馆有关的信息。两年后他凑足了资金，买下了一家销售咖啡豆的公司。

当巴沙尔最后得知，那家公司就是闻名于世的"星巴克"，眼前的店主就是当年的小男孩、如今"星巴克"的创始人舒尔茨时，巴沙尔眼里噙着泪花，握住对方的手不肯放开。

巴沙尔从悲观的阴影里走了出来。经过多年的拼搏，他终于有了自己的轮船公司。为了纪念那段难忘的经历，也为了感谢舒尔茨对他的教诲，巴沙尔特地将其首艘下水的船命名为"星巴克"。

彝臻终于找到了答案。他不仅受到了一次励志的教育，也从此喜欢上了喝咖啡。

带铜钱的月饼

"船长，'船影'饭店送来一盒月饼。"

中秋前夜，靠泊在美洲西雅图港的"星河"号船长唐撰收到一盒奇特的月饼：阵阵飘香的月饼上，用铜钱镶嵌着一个"梦"字。

按惯例，中秋期间来往船上参观的侨胞很多。船上做上几个家乡菜招待侨胞是人之常情。但是由于船期紧张，船上备用的食品有限，船长决定在当地采买一些。

当地华侨饭店都愿意全力支持，特别是一家叫"船影"的饭店，老板愿意免费供应食物。

海员们见过许多华侨开设的饭店，饭店的名字都带有浓浓的乡情："江南春""天府鱼""福来顺""大红灯笼"……"船影"饭店的店名格外另类，这引起海员们的极大兴趣。

船长唐撰想当面婉言谢绝"船影"老板的好意。于是他来到了"船影"饭店，想见一见饭店的老板。

饭店设在唐人街，门前的横匾上两个汉字"船影"，苍劲有力，赫然在目。

饭店里面的设施具有浓郁的中国特色：古色古香的八仙桌，精巧玲珑的宫灯，古朴典雅的山水画，还有雕龙画凤的屏。

老板是位年逾花甲的老者，一位地地道道的华侨。

老人热情地把唐撰船长迎进内室。

内室正中墙上有幅身着长袍马褂的老者画像。老人告诉唐撰船长，画像上的老人是他的祖父，清朝时他祖父曾在船上做厨工。

老人听完船长的来意，执意表示不能收钱。经过再三商量，才勉强同意收些成本费。

告辞前，唐撰船长顺便问到店名的来历。老人向船长讲述了六十多年前的故事。

那年，老人随父母和祖父为了谋生准备去闯外洋。临行前，他们东拼西凑总算带足了盘缠。

经历了千辛万苦，一家人在这里安顿下来。

祖父临终前，把儿孙唤到身边，拿出自己积攒多年的一袋铜钱。老人嘱咐说这些钱他无法带回家乡，有朝一日就把这些铜钱和自己的祝福一起，请过海的亲人带回去，捎给帮助过他们的乡亲们。

但是几十年过去了，老人的父母相继过世，这个愿望一直未能实现。

这一天，老人总算盼来了祖国的轮船。不巧，老人当时正患眼疾，只能在儿孙的陪伴下，用手把船从头到尾摸了一遍。正当老人要上船时，港方通知船方需要提前开船了。

老人站在码头上望着远去的船影久久不愿离去。

归来后，老人几天几夜都在念叨家乡来的那条船，甚至梦里还在喃喃自语。

儿孙们为了安抚老人，把饭店的名字改为"船影"，期盼着祖国家乡的轮船再来。

老人的讲述，深深感动了唐撰船长。

中秋之夜，唐撰船长把那块用铜钱镶有"梦"字的月饼放置在轮船餐厅的大台上，给船员讲述了这个动人的故事。

后来，一位爱好摄影的船员把这个故事拍成了微电影《带铜钱的月饼》，在网上热播，一时传为佳话。

酒坛子浸泡的轮船

梅姐是位资深的海乘（邮轮服务员）。

经过十几年的海上邮轮生涯，她的足迹几乎遍布全球。"亚洲之星"号、"海上皇宫"号、"玛丽皇后"号、"环球旅行者"号这些设备齐全、豪华舒适的邮轮上都留下了梅姐的身影。邮轮上那些来自世界各地的、形形色色的游客，五花八门的故事，还有各地稀奇古怪的习俗，都给梅姐留下了深刻的印象。梅姐想，邮轮不愧被称为"流动的联合国"，世界真是太奇妙了！

作为一名邮轮服务员，梅姐积累了丰富的服务经验和洞察能力，不通过语言，她只通过顾客的衣着和行动，就能识别对方的国籍和身份。一次，梅姐被选派到一艘往返于欧洲各国的"月亮王子"号上做服务员，这艘船号称"酒坛子浸泡的轮船"。

登上"月亮王子"号之前，梅姐就对这艘船上的情况有所耳闻：这艘以芬兰为中心的近海航线的豪华邮轮，主要游客是芬兰人。芬兰人嗜酒，几乎聊天十句里肯定有一句会提到酒。人们嬉笑着说，十句话不提酒就不是芬兰人！

梅姐登上"月亮王子"号，果然名不虚传，这是艘地地道道的"酒坛子浸泡的轮船"！

"月亮王子"号豪华邮轮上下共有八层，每层都有一个足球场一般大的餐厅，酒吧、商场、游乐园、赌坊、游泳池、观景台等鳞次栉比一应俱全。这是芬兰有史以来最大、最豪华的邮轮，它不仅是一艘来往北欧几个国家近海航线的邮轮，同时也是名副其实的"海上乐园"。

此刻正值欧洲春暖花开的季节，"月亮王子"号舷梯旁挤满了等候登轮的游客。与以往不同的是，这些芬兰人登轮的目的不是旅游而是买酒。一位海乘告诉梅姐，芬兰政府为了控制国民对酒的消费，本土出售的含有酒精的饮料税率较高，所以芬兰本土出售的酒价远远高于周边国家。但是在免税的豪华邮轮上，酒价只有本土酒价格的一半，因此嗜酒的芬兰人把"月亮王子"号视为物美价廉的"酒桶"。人们登上邮轮，不是去观光、去旅游，而是成箱成箱的买酒，然后躲进船舱开怀畅饮。所以，人们戏称"月亮王子"号是"浸泡在酒坛里的轮船"。

更让梅姐没想到的是，这些芬兰人为了买酒，往往在邮轮开航前几小时，就在舷梯口排上长长的队伍。舷梯一打开，人们就蜂拥而上。如果行动迟缓买不到酒，船票就打了水漂。因此有人为了买酒，把"月亮王子"号的内部导航图背得烂熟，以便用最短的路径找到船上的免税酒城。

　　这次"月亮王子"号是由芬兰的赫尔辛基开往瑞典的斯德哥尔摩。"免税酒城"设在船餐厅一隅。此刻餐厅里已经挤满了人，长长的购酒大军足有几十米长。

　　邮轮在碧蓝的大海里缓缓行驶着，手里拿着酒瓶子的人们并没有被眼前波光粼粼的景色吸引，而是立刻开始了"酒精派对"。人们三五成群，餐厅里、走道里、舱室里甚至厕所里，到处都是成伙结队地聚在一起的人群，边说笑边狂饮。

　　整个船舱充满了浓郁的酒精味，"月亮王子"号成了名副其实的"酒桶世界"！

　　梅姐将一对半醉的芬兰青年夫妇扶坐在椅上，这对夫妇为赶到"月亮王子"号喝上一顿酒，专程坐飞机赶来。

　　几个航次后，梅姐找到了芬兰人嗜酒的原因：芬兰人爱酒与其居住的环境和地理位置有密切关系。芬兰人居住在欧洲纬度最靠北的寒冷地区，冬季长达六个月之久。在短暂的夏季，人们会利用放假的机会躲进森林小屋里和宝贵的大自然生活在一起。大多数芬兰人喜欢独居生活。日常生活一般都是喝酒、桑拿、烤香肠、唱歌……渐渐地，芬兰成了人们常说的"酒坛子里浸泡的国家"。

　　在"酒坛子"里生活久了，许多芬兰人养成了嗜酒的习惯。芬兰政府明文规定，午夜12点之后不得开派对扰民，酒吧凌晨3点前必须关门。但是这一规定，并没有阻止芬兰人的嗜酒爱好。人们成群结队地躲进遍布芬兰森林各角落的森林小屋，这里配有烧烤屋和桑拿房。每到周末，成群结队、川流不息的人群赶到这里，随着森林小屋的袅袅轻烟，一股股酒香飘然而至。

　　为了控制国民对酒的消费，芬兰政府大幅度提高了酒的税率，没想到嗜酒的芬兰人却发现了免税的豪华邮轮"月亮王子"号。"月亮王子"号因此成了"浸泡在酒坛子的轮船"，而享誉世界航运界！

消失的"筷子大厨"

　　"海星王"号是艘远洋货轮。船员来自世界各地：美洲、欧洲、非洲、大洋洲、亚洲……船上黑种人、白种人、黄种人等齐聚一堂，可谓"海上联合国"。

　　船上大厨常昱来自东方的中国。

　　常昱不仅中西餐样样精通，烹调的菜肴备受船员的喜爱和欢迎，而且他对世界各国的饮食特点和习俗"倍儿熟"。此外，他还有一个"筷子大厨"的绰号。这个绰号是怎么来的呢？

　　一次，"海星王"号停靠在韩国的釜山港，调休的船员刚下船，一位年轻的韩国水手便匆匆赶上船。此时，正值船上的午餐时间。

　　大厨常昱不仅特意安排了一盘独具特色的韩国烧烤为其接风，还准备了一双银光闪闪的金属筷子。

　　韩国水手望着香喷喷的家乡菜，拿着韩国惯用的金属筷子，眼里噙着泪水，连声说谢谢。

　　站在一旁的船员边鼓掌，边疑惑："金属筷子是咋回事？船上还是第一次发现金属筷子！"

　　事情还得从常昱外派到这艘具有多国船员的，号称"海上联合国"的"海星王"号船上做大厨说起。

　　俗话说，众口难调。船上的船员来自十几个国家，大家酸甜苦辣各有所爱，而且用餐习惯也千奇百怪。西方用刀叉，东方人用筷子，非洲人干脆用手抓……刚上船的常昱急得满头是汗。

　　常昱上船是受船上大副俞白的影响。一次，公休在家的俞白大副在一家餐馆里过生日，常昱在这家餐馆做主厨。常昱望着身形挺拔的海员制服十分羡慕，又听俞白大副介绍了丰富多彩的航海生活，于是决定上船做一名大厨。在俞白大副的帮助和支持下，常昱经过专业培训考试和西餐学习后，跟俞白大副上了船。

　　开始常昱在一艘全是中国船员的船上做大厨。常昱精湛的厨艺，备受船员的喜爱和好评。可是到了号称"海上联合国"的"海星王"号后，常昱就犯难了！

　　常昱是个不服输的汉子，利用远航的机会，不顾劳累，抽空到处学习各国的烹调技术和饮食习惯：韩国的烧烤、泡菜，日本的料理、寿司，意大利的面条，法国的大餐……每逢有船员生日，常昱都会为船员做上一道家乡菜，因此常昱深受船员的称赞和喜爱。

　　然而，一个偶然的小插曲给了常昱新的启发：光有特色菜还不够，还要尊重各国船员的用餐习惯。

　　一次，一位韩国船员生日，常昱精心制作了一道"韩国烧烤"，谁知，这位韩国船员使用筷子时，木制的筷子被木炭点燃了，还差点烧了船员的手。

　　常昱感到十分内疚，问题出在哪里？韩国人用筷子就餐没错，这是东方人共同的饮食文化。难道是韩国船员大意了？

　　不久，常昱在一本介绍东西饮食文化的书中找到了答案。

　　筷子具有悠久的历史，是东方饮食文化的特色，韩国、日本和中国一样，都是使用筷子作为主要饮食餐具，但是各国的筷子却有不同。

　　中国人使用筷子的历史十分久远，而且十分讲究，中国人的筷子曾有长短之分，历史上筷子长短代表着贫与富的身份。过去有钱人的筷子长，没钱人的筷子短。这是因为过去没有转盘，没钱人菜少，短筷子就足够使用。而有钱人菜多，要吃远处菜，筷子就要长。甚至有的人为了显富还特意做了金银筷子和象牙筷子。

　　日本人的筷子一律都十分短，因为日本人多是吃自己眼前的一盘，筷子长了没用，还碍事。日本人的筷子是尖头的，这是因为日本人喜欢吃生鱼片，生鱼很滑，切薄了更滑，必须用尖头去扎。中国人的筷子是平头的，吃饭时用筷子夹起来就吃，绝对不允许扎。只有在祭祀死人时，才会扎馒头和烙饼等。平时如果用筷子扎馒头，老年人会摇头说不吉利。韩国人喜欢烧烤，竹筷子和木筷子容易炭化或燃烧，所以韩国人的餐桌上放的都是金属筷子。而且受辽东文化的影响，韩国的筷子头都是扁平的。

　　从此之后，每当有韩国船员生日时，常昱在烧烤前，总会将一双闪光的金属筷子摆放在餐桌上。"筷子大厨"的美名在船上传开了,不久便走红了网络里的航海朋友圈。

不料,时隔不久,招人喜爱的"筷子大厨"从人们的视线中消失了。"筷子大厨"离开"海星王"号,返回了大山深处的老家。

事情发生在一次远洋归来后。

不久前,"海星王"号来到日本的横滨港。来港之前,常昱听一位日本船员说,在日本古城京都有家"王将饺子"餐厅。餐厅不大却十分特殊,名气很大。

出于职业习惯,利用靠泊的空隙,常昱找到了这家餐厅。

餐厅在一个不显眼的偏僻小巷。这里除了几道常昱熟悉的日本料理外,没有什么特殊的地方。

但是,常昱在参观和听了餐厅主人的介绍后,却倍感震惊和激动。

餐厅门上贴着一张特别的告示:如果没有钱,你也可以免费吃饭,直到吃饱肚子。但吃饱后,你需要洗30分钟的碗(以上规定适用于18岁以上的学生)。

常昱好奇地问餐厅主人井上定博:"你只是开了一家不大的餐厅,并非大富大贵之人,为什么要做这样亏本的生意?"

井上定博满怀深情地说:"是因为我忘不了一位前辈的一饭之恩!"

当年,井上定博20岁时已经结婚生子,由于微薄的收入难以维持生计,为了让妻子和孩子吃饱,井上定博经常饿着肚子坚持工作。就在这个时候,一位热心的前辈特意请他吃了一顿饭。

这位前辈感动于井上定博对妻子和孩子的强烈责任心，他对井上定博说："饿着肚子的爱是不能长久的，填饱肚子的爱才有力量，只有吃饱肚子，你才能顶起家中的大梁！"

前辈的一番话深深打动了井上定博，井上定博从此挺起了腰杆，从学徒一路苦干，经过多年的不懈奋斗和努力，终于有了自己的餐厅，成了京都"王将饺子"店的主人。当井上定博有能力回报那位使他终生难忘的前辈时，那位前辈已经过世了。

井上定博遗憾地流下泪水："我永远没有机会报答他，但是在这个世界上还有许多像我年轻时那样，需要照顾和帮助的穷苦孩子！"

"王将饺子"餐厅附近有几所大学，井上定博担心经济拮据的孩子没钱吃饭，于是就在餐厅门上贴出了那张让常昱难忘的告示。

井上定博已经年近古稀，让穷孩子免费吃饭的做法他坚持了几十年，有 500 多名学生受到井上定博的接济，许多学生已经走上了社会。

听完井上定博的讲述，常昱流泪了，常昱出生在大西南的贫苦山区，早年父母双亡，自己是吃"百家饭"长大的。他的经历与许许多多大山里的孩子一样，是在乡亲接济抚养下长大成才的。

参观完"王将饺子"餐厅归来后，常昱辞去了"海星王"号大厨的工作，利用自己仅有的积蓄在家乡附近开了一家餐馆，免费为那些贫困的学生提供饭菜。

"筷子大厨"的义举又一次得到众多人的点赞！

有"身份"的海上大蛋糕

这是个使人大开眼界又十分有趣的海上故事。

"北极熊"号远洋货轮是艘以德国船员为主的巴拿马籍集装箱船。

船停靠在德国汉堡的那天，正值中国水手申琛三十岁生日。申琛是船上唯一的中国籍船员。几年前，喜爱航海的申琛从航海学校毕业后，开始了与大海为伴的远航生涯。多年来远航的经历使他大开眼界，瑰丽灿烂的异国风情，丰富多彩的饮食文化，千奇百怪的风土人情……使他目不暇接、感慨万分。

船上大厨汉斯是地道的德国日耳曼人，与申琛是好朋友。

汉斯得知今天是申琛三十岁生日，准备做一个大蛋糕表示祝贺。

这时汉斯发现储藏间的鸡蛋已所剩无几，就带着申琛来到当地超市，准备购买一些鸡蛋。

对于采买鸡蛋，申琛可谓行家里手。申琛是在鸡场里长大的，他来自中国山东的沂蒙山区，家里是当地十里八乡有名的养鸡大户，生产的鸡蛋环保又营养丰富，但是随汉斯到外国采购鸡蛋这还是第一次。德国超市出售的鸡蛋均用精致的纸盒包装，6 个或 10 个一盒。纸盒上除了标有不同的价格、数量和产地外，还标有鸡蛋的质量标准、生蛋母鸡的饲养方法以及产蛋的时间，申琛大开眼界。汉斯在上船做厨师前曾做过超市的营销员，汉斯告诉申琛，这些标志打开鸡蛋盒就一目了然，每个鸡蛋都标有一串红色的代码，这是鸡蛋的"身份证"！

"鸡蛋也有'身份证'？"申琛不禁惊叫起来，"简直太神奇了！"

"对！"汉斯打开一个装有鸡蛋的盒子，取出一只鸡蛋，摆在申琛面前，"鸡蛋上标有 0-DE-0357451 的字样。0 表示绿色生物鸡蛋，DE 代表德国当地生产，后面的数字是具体养殖场的地址和鸡舍的编号以及产蛋的时间！"

听了汉斯的介绍，申琛将鸡蛋拿在手中反复地仔细观看着，突然产生了新奇的想法。申琛凑近汉斯，悄悄耳语几句。汉斯听完哈哈大笑，连声说道："有意思！你真是太有想象力了。"

原来，申琛一年多前来到"北极熊"号时，船上除了他一名中国船员外，几乎都是德国籍船员，可谓"人生地不熟"。但是，船上的德国船员对他如同本国兄弟一样亲热，让他很快熟悉了船上的工作。一次申琛患了重感冒，船上的船员轮流昼夜守在他身边，令他十分感动。这次大厨汉斯又特地为他做生日蛋糕，真跟在家里过生日一样温暖。为了感谢大伙对他的关爱，在随汉斯购买有"身份证"的鸡蛋时，申琛萌发了特制一个大蛋糕，以表示对船上船员的感激的想法。申琛的想法得到汉斯的称赞和认同。

到底要做一个什么样的蛋糕呢？

俩人做了认真的研究：既要把这些标有"身份"的鸡蛋充分利用，又要与每个船员有关联。终于他们找出了一个十全十美的方案。

接着俩人按计划方案，将装有"身份证"鸡蛋的包装盒挑来挑去，选了足足一个小推车。

回船的路上，申琛除了敬佩德国人的认真敬业精神外，一直在琢磨刚才与汉斯商量做大蛋糕的事。

"对！"汉斯笑着说，"我们可以制作一只特殊的大蛋糕，创造一项'海上大蛋糕'的世界吉尼斯纪录！"

据汉斯讲，过去每次有船员过生日，大家都会做个大蛋糕庆祝，但这次却与众不同。

回到船上，俩人按着策划的方案先找到船长，将船员的花名册仔细抄录下来，然后将买的鸡蛋分产地和时间与每位船员的出生地和时间对应，一一排列组合起来，共计组合了三十六组。

随后，俩人躲进厨房，和面、调料、烘烤，足足忙了一个下午。晚餐时，一个直径约一米的大蛋糕被抬上餐桌。

船上餐厅里挤满了人，除了值班船员外，几乎所有船员都到了场："这是块啥样的大蛋糕啊？！"人们围在大蛋糕周围惊奇地观望着。

　　大蛋糕上用中德两国文字写着"中德友谊天长地久"，船长按照大厨汉斯事先安排的程序，在一片"祝你生日快乐"的歌声中，将大蛋糕分成了三十六份，然后幽默地笑着说："这是海上最有'身份'的大蛋糕！"

　　人们怀着疑惑的目光望着船长。

　　站在旁边的大厨汉斯揭开了最有"身份"的大蛋糕的秘密。原来申琛了解到采购的鸡蛋都有产地和产蛋时间，就决定按照船上船员的出生地和出生时间来选购鸡蛋，制作成一个十分特殊的生日蛋糕，以感谢船员对他的关爱。

　　难怪人们称这只有"身份"的海上大蛋糕创造了"舌尖上航海"的世界吉尼斯纪录呢！

中国"鲁滨孙"与"老白干"

这个故事发生在七十四年前的东非海域。

不久前，"海洋和谐"号来到英国的一个港口，离港口不远有座临海的城市叫约克，那里是闻名于世的鲁滨孙的老家。

城里有家专门经营航海书籍的书店——"烟斗书店"。

"烟斗书店"是以鲁滨孙的烟斗命名的。"海洋和谐"号船长马骅利用装货的间隙，带领船员来到这家书店。

书店门面不大，里外挤满了人。书店门前的招牌上画有一只大烟斗，烟斗上还写着一个人的名字：塞尔柯克。

"塞尔柯克？"几个船员不禁问道，"为什么不叫鲁滨孙！？"

船长马骅笑着说："塞尔柯克是鲁滨孙的原型，他是一个来自苏格兰的水手。"船长马骅是位海员，也是位业余作家，写了许多有关海上生活的作品。他的海上知识很丰富，在航海界小有名气："一次远航途中，性格暴烈的塞尔柯克与船长发生激烈的争吵，最后离船而去，被遗弃在距离智利 500 多千米的菲南德岛上。这是座无人居住的荒岛。"

船员们十分敬佩船长的知识，边参观书店边听船长介绍："塞尔柯克在荒岛上生活了四年零四个月，才被英国著名的航海家罗克斯船长营救。回到英国后，罗克斯船长根据塞尔柯克在荒岛上的离奇经历，写了部《环球巡航记》，记载了塞尔柯克四年多的荒岛生活。后来这部《环球巡航记》引起当时著名作家丹尼尔·笛福的关注和兴趣。最终以《环球巡航记》的主人塞尔柯克为原型写成长篇小说《鲁滨孙漂流记》。"

"那这里为啥叫烟斗书店呢？"人们产生了疑问。

这个问题连知识丰富的船长马骅也一时语塞。

他们找到了书店的主人。

书店主人叫约翰逊，正在筹建鲁滨孙纪念馆。纪念馆的选址离书店不远，那里是塞尔柯克的故居。

约翰逊听说他们是远道而来的中国海员，热情地将他们迎进屋内，详细地介绍了塞尔柯克在荒岛四年多的荒岛求生事迹，最后说，当年性格暴烈好胜的塞尔柯克与船长激烈争吵后毅然离去。离船时，船长特地送一个烟斗给塞尔柯克。几年后，塞尔柯克得救后，与老船长重逢时，俩人悲喜交加，几度哽咽。塞尔柯克将随身携带四年多的那只烟斗写上自己的名字，送还老船长："当作纪念吧！没有那次争吵，就没有今天的塞尔柯克，也不可能有今天享誉世界的鲁滨孙！"这个故事感动了成千上万的人，所以约翰逊决定把这个书店命名为"烟斗书店"。

听完店主的介绍，大家十分感动，正要准备离去，店主却坚持将他们带回书店，从书架上取出一本书："刚出版的一本新书，介绍七十多年前中国船员在荒岛上生活的故事，是中国版的'鲁滨孙'！"

人们争着接过这本书，封面上几个红色大字陡然映入眼帘："中国鲁滨孙"与"老白干"。

这时，有人突然发现这本书的作者不是别人，正是他们的船长马骅。这个意外的收获连马骅船长也未想到，能够在此看到自己刚出版不久的，以中国海员沈祖挺为原型的作品，马骅心里十分高兴！

当店主得知书的作者就是面前的这位船长时，十分激动，连声喊道："简直太奇妙了！太高兴了！"船长当即在书上签了自己的名字，送给店主："留做纪念吧！"

回到船上，人们围坐在马骅船长身边，静听马骅船长讲述关于"中国鲁滨孙"与"老白干"的故事。

事情发生在 1944 年 8 月 12 日。

英国伦敦哈得利轮船公司所属的"雷贝利"号货轮满载四千多吨煤炭从葡属东非（现莫桑比克）洛伦索马克斯港驶往英国控制下的肯尼亚蒙巴萨港。

"雷贝利"号是艘老式的蒸气动力船，"二战"期间被移交至英国战时指挥部，开始为盟军运输物资。

当时船上共有 56 名船员，除船长、驾驶员和 6 名海军护航人员外，其余均是中国海员。

"雷贝斯"号驶出洛伦索马克斯港的第二天，遭到了德国潜艇鱼雷的攻击，不幸起火沉没。幸存的船员在纳粹潜艇离开后不久，纷纷登上漂泊在海上的救生艇。

船上56名船员除救生艇上的40人外，船长、驾驶员和报务员等16人均已遇难。剩下的40名船员中，有中国船员36名，其中职务最高的是轮机长沈祖挺。

沈祖挺成了这批幸存者的"首领"，他带领着幸存者，开始在茫茫的大海上漂泊。

救生艇里的食品、淡水和药品有限。为了生存，每人每天只分到三块压缩饼干和两杯淡水。为了减少不必要的体力消耗，除驾帆、掌舵和瞭望人员外，其余人员尽量不要活动和说话。

救生艇在漫无边际的大洋漂流着。

终于在8月16日，负责瞭望的船员突然发现前方有个黑影，似乎是条船。惊喜若狂的船员拼命朝黑影方向驶去，然而，靠近后发现，那是一座孤岛。

因在海上漂流了三天三夜而筋疲力尽的船员准备登岛。

这是一座荒无人烟的小岛，从岛上唯一一座法国人的墓碑上，众人得知岛名叫欧罗巴岛。

人们将救生艇物资分批搬上小岛。沈祖挺还找到了两盒防风火柴。这两盒火柴在后来的荒岛求生中起了至关重要的作用。

岛上没有人烟，除了散落在岛上的鸟蛋外没有任何食物。淡水成了登岛船员生存的关键，然而船员们打了几眼井，全部是咸水！

沈祖挺望着眼前疲惫不堪、饥饿难熬的船员兄弟，心急如焚。如何能将海水变成淡水呢，望着茫茫大海，沈祖挺突然想起了"雷贝斯"号上的海水淡化机。这时正巧大管轮老卢走了过来，俩人一商量，立马将救生艇里的空气箱制成一台简易的海水淡化机。经过多次试验，他们终于制成了救命的淡水！

淡水解决了，生存问题有了着落。但是每到夜晚，人们悲观失望的情绪又涌现出来：难道我们要终身守在岛上，死在岛上？

作为荒岛上的首领，沈祖挺曾读过《鲁滨孙漂流记》，鲁滨孙的勇气、智慧以及强烈的求生欲望深深打动了他！

沈祖挺开始给伙伴们讲起鲁滨孙的故事，鲁滨孙一个人能在荒岛上坚持了四年多，大家几十个人只要齐心坚持下去，就能等到获救的那一天，何况我们都是炎黄子孙，要为中国人争光！

在沈祖挺的带领和鼓动下，人们情绪逐渐平静下来。大伙屈指一算，他们在岛上已经度过了两个多月。

时间一天天过去了。

10月26日清晨，天刚蒙蒙亮，一名瞭望人员突然发现北面天空出现了一个黑点，正朝荒岛上空移动。是一架盟军的飞机！惊喜若狂的人们立马用人体在岛上排成"雷贝利"号的字样。飞行员看到后投下一只铁罐，铁罐里面的一张纸条上写着：立刻向盟军总部报告！

荒岛上的"鲁滨孙"们，挥舞着衣衫，含着热泪奔跑着，高声大喊："我们终于得救了！"

三天之后，英国的"利纳尼亚"号巡洋舰抵达了这座荒岛。人们告别了近三个月的荒岛求生的日子！

中国海员的勇气和智慧得到了盟国的高度称赞和评价。各大报纸都在头版刊登了这一惊人的消息："中国的鲁滨孙荒岛求生记。"

"那书名里的'老白干'是咋回事？"人们听完马骅娓娓讲过后，不禁问道。

马骅船长解释说，"老白干"是船上船员最喜爱的家乡酒，逢年过节或盛大节日船员们总要干上一杯。人们获救的当天，沈祖挺和伙伴们将水杯盛满岛上自制的淡水，激动地流着泪说道："我们在岛上同生死共患难，整整度过了七十八个日日夜夜，不愧为炎黄子孙，为中国人争了光，让我们高举水杯，以水为老白干一干而尽！"

1985 年，中国上映了一部以"雷贝斯"号中国船员事迹为背景的电影《"雷贝斯"号沉没在印度洋》，受到广大观众的喜爱和欢迎。

奇特的轮船"黑匣子"

古时候，海上通讯不发达，船舶失事后，船员往往在危急时刻，会将遇难的经过和船员的遗言遗嘱封存在漂流瓶或木桶里抛向大海，这是最早的船舶"黑匣子"。

1905 年，英国海洋生物学会还专门成立了搜集和研究这些漂流瓶的机构。一百多年来，学会搜集整理千余件各式各样的船舶"黑匣子"，为寻找遇难船舶和分析失事原因做出了重要贡献。

但是，不久前，人们意外拾到一个在海上漂流了几十年的"黑匣子"，这只"黑匣子"里的内容完全出乎人们的意料，被人们称为航海史上最奇特的"黑匣子"。

事情发生在浩瀚的印度洋上。

这天，航海学院的训练船"圆梦"号正在风平浪静的洋面上进行救生演习。身穿救生衣的学员们纷纷跳入水中，朝救生艇游去。

　　就在这时，学员姚航和季云突然发现，不远处海面上漂浮着一个闪亮的物体。靠近一看，原来是只漂流瓶。

　　姚航举起这只漂流瓶，高声喊道："轮船'黑匣子'！"

　　玻璃瓶封存完好，透过瓶表面长着的斑斑海苔，姚航隐约发现里面有个红色封皮的本子。

　　姚航和季云在校学过航海史，知晓轮船"黑匣子"的知识。

　　但是，当姚航和季云将这只漂流瓶交给实习带队老师吉喆拆开后，方才发现这只漂流瓶与以往"黑匣子"大相径庭，里面的内容完全出乎人们的意料。这只奇特的漂流瓶引起学员们的极大兴趣："这是航海史上最奇特的'黑匣子'！"

　　实习归来后，学校专门举办了关于这只"黑匣子"的座谈会。

　　会前，吉喆老师就这只"黑匣子"的来历做了多方面的调研，都未能获得满意结果。从"黑匣子"里面内容得知，这是一个化名叫"牧海人"的中国水手在印度洋抛撒的，扔漂流瓶的时间为1948 年 8 月，距今已有 60 多年。

　　"这个奇特的'黑匣子'里面到底写了什么？"

　　座谈会上聚集了众多航海学子。

　　人们用期盼的眼神望着吉喆老师。

　　吉喆老师慎重地从漂流瓶里取出一本已经褪色的红色笔记本，小心翼翼翻开扉页，一字一句地念道："我是一名老海员，在海上漂泊了二十多年，足迹几乎遍及全球。在航海的过程中，我逐渐了解了世界各地五花八门的饮食和习惯。一天，我突然萌发出一个想法，把这些知识记在日记本里留给下一代。十几年来，我累计写了几十篇，现在我服务的船即将沉没了，为了使这些知识保留下来，实现我将它留给下一代的愿望，我将日记本放进漂流瓶里抛进大海，希望有朝一日，人们能发现它。"

读到这里，会场上一片寂静。

吉喆老师感慨地说："这是位值得大家敬重的海员。时间关系，我们选择日记本中几个有代表性的片段读给大家听。"

这时，一位身穿校服的学生登上讲台，翻开厚厚的日记本，将一篇篇选出的日记娓娓道来。

8月10日　亚历山大港

循规守矩的埃及餐桌

埃及是著名的文明古国。

这天，正值埃及的斋月。埃及在饮食上严格遵守伊斯兰教规。斋月期间，白天禁食，人们不吃一切忌物，也不吃带汁和未熟透的菜。吃饭时不能与人谈话，喝热汤及饮料时不能发出声响。同时埃及人也忌讳用左手触摸餐具和食品。

古埃及人一日二餐，现在改为三餐。其中午餐和晚餐比较讲究，多以肉食、米饭、水果为主。斋月里要吃焖蚕豆和甜食，甜食是埃及人的最爱。

埃及人习惯用右手抓饭，用餐前必须先洗手。埃及的食品制作带有浓郁的阿拉伯风情，一种在面粉中添加蜂蜜和调味料的发酵面饼，埃及人喜爱。斋月里一种叫阿洛伊夫的、类似中国饺子的甜食是家家必备的食品。

埃及人办喜事，喜欢大摆筵席。陌生人同样会受到热情接待，如果自己受邀到埃及人家里做客，进门前先要脱鞋，而且最好先夸赞一下主人的房子。吃饭时只能用右手抓饭，而且要吃第二回菜。如果吃饱的话，盘子里最好剩一些菜，否则主人会不停地给你夹菜。

埃及人请客，座席十分讲究等级和身份。主人常常习惯用发誓的方式劝客人多吃。菜肴越多越好，哪怕原封未动端上来又端下去，宾主都会十分高兴。

3月4日　韩国釜山港

韩国餐桌上的"三宝"

俗话说，韩国餐桌三件宝：泡菜、人参、糯米糕。

在绝大多数中国人的印象中，韩国的泡菜仅仅是辣白菜，其实不然。韩国泡菜有三千多年历史。在中国《诗经》里曾出现过"菹"字，中国人的字典里"菹"字解释为酸菜，韩国则认为这是首次出现用文字记载的泡菜的记录。

泡菜在韩国饮食中占有特殊地位。最初泡菜用盐腌制，16世纪后，辣椒传入韩国，泡菜出现了革命般的变化。韩国受所处的地理位置影响，冬季寒冷漫长。泡菜在腌制中产生大量乳酸菌，有助人体消化，因此人们尊称泡菜为"国菜"。无论在繁华的都市还是偏僻的村庄，居民的院庭和阳台上摆满了大大小小的泡菜坛子。

在韩国被称为"神草""灵草"和"不老草"的人参，在韩国人的眼里，是预防各种疾病和保养身体的必需品。在中国人看来只有体弱、病后的人或老人才会用人参补身体。而在韩国人日常生活中几乎都会接触到人参：人参酒，美容的人参粉，餐桌上各式各样用人参制作的菜肴。按中国人的说法，这叫"没有人参不成席"！

糯米糕是韩国人节日食品的"台柱子"。韩国人的生日、探亲、结婚、祭祀等都会制作糯米糕祈求平安。韩国的许多饮食文化与中国十分相似，例如正月十五吃五谷饭，端午节喝菊花酒……

韩国餐桌上的"三宝"，多多少少带有中国文化的色彩！

这些知识是船上韩籍大厨朴正顺讲给我的。

10月6日　印度新德里

五光十色的印度餐

印度是个佛教文明古国。

印度人不吃牛肉和猪肉，羊肉、鸡肉、鱼虾配上米饭或烤饼是印度人的主食。

"咖喱"是印度特有的调味料。第一次尝试印度菜，一般人会感觉有一种说不出的特殊味道，那就是"咖喱"的味道。

印度天气炎热，印度人口味重，嗜好刺激性食物。

印度蔬菜产量少，但是蔬菜和水果颜色却五光十色，胡萝卜似血通红，四季豆如同翡翠一般，土豆金黄饱满……经过一番烹调后，可谓是色味俱全的美食！

印度人不爱喝汤，他们认为任何一种汤，都比不上凉水更爽更开胃。一餐下来印度人总要喝上五六杯凉水或奶茶。冰凉的水配上热腾腾的奶茶，成了印度人心中最佳的饮品。

印度人特别喜欢香蕉树。香蕉树一年只结一次果，香蕉树心还可以食用，树上的纤维可以用来织布，香蕉叶可代替盘子盛物。用香蕉叶盛食物的习俗流传至今，当前许多餐厅仍然用香蕉叶盛菜。香喷喷的菜肴配着奇形怪状的"盘子"，格外吸引外来人的眼球。

"抓饭"是印度人特殊的用餐习惯。印度人的拇指，食指和中指似乎生来就特别灵活。在指不触口唇、手不沾饭的优美姿态下，香喷喷的咖喱饭已在齿间留香！

我多次来到印度，对印度咖喱料理的饭菜十分迷恋，这正是印度咖喱的魅力！

舷窗里的"爱情果"

远洋航船常年漂泊在大洋里，海员们习惯在舷窗旁摆些花果盆景。望着这些来自陆地的生物，心里总会有股说不出的亲切感。

海员们称它们是"海上伴侣"。

肖惠惠来自海员大省福建，是位资深的海乘（邮轮服务员）。当地人有个习惯，每当离家远航，海员总会把家乡一种叫"望乡花"的植物带上船，摆在舷窗旁。

据说"望乡花"有个特征：无论轮船航行到那里，花朵总是朝着家乡的方向。所以，人们亲切地称它为"望乡花"。

一年，肖惠惠随船来到日本大阪。当地正在举办世界女排大奖赛，中国女排力克群雄夺得冠军。在颁奖台前，一位年迈的老华侨带着小孙女，将一束"望乡花"献给女排姑娘。当知晓"望乡花"是这位老华侨几十年前离家时带过来的，近年因年老体弱，这束花一直由身边这位双目失明的小孙女护养时，肖惠惠感动得热泪盈眶。

不久前，肖惠惠被外派到一艘叫"伊丽莎白女王"号的邮轮上做服务员。

肖惠惠临行前，精心选了一盆家乡的"望乡花"。

"伊丽莎白女王"号是艘豪华的环球邮轮，是以英国女王伊丽莎白名字命名的，除了设备齐全、环境舒适外，几乎每个舷窗里都摆有各式各样来自世界各地的花果盆景：美洲的紫罗兰、荷兰的郁金香、非洲的芭蕉红……可谓"舷窗花的世界"。

肖惠惠把"望乡花"放置在住舱最显眼的舷窗旁："让中国的花朵也为'海上花坊'增光添色吧！"

一天，她在打扫船长房间时，忽然发现船长房间的舷窗上摆放的盆景与众不同，是一盆结满了红果的，形似西红柿的"舷窗花"，引起了肖惠惠的好奇和疑惑："船长与这盆花果之间一定有故事！"

果然不出肖惠惠所料。船长威尔逊是英国人，有着贵族血统。舷窗里的"西红柿"不仅与航海有关，还与英国女王伊丽莎白一世的爱情有关。船长威尔逊与其有不解之缘。

肖惠惠想知道其中的奥妙。

但是，令肖惠惠失望的是，船长是位沉默寡言的人，连与他同船多年的船员都不知其中的故事，只知船长称这盆"西红柿"叫"爱情果"。

肖惠惠没有灰心，利用打扫船长舱室的条件和机会，渐渐摸清了船长的脾气和爱好，得到了威尔逊船长的信任和好感。终于在肖惠惠离船公休前，揭开了"伊丽莎白"号上人们至今尚不知晓的"谜"。

西红柿的发现与传播和航海有密不可分的关系。早在 16 世纪初期，伟大的航海家哥伦布远航南美洲时，就发现了这种颜色艳亮、气味鲜美的神奇植物。直到 16 世纪末，葡萄牙航海探险队前往南美洲，才将在南美洲发现的这种野生花果带回欧洲。

起初，野生的西红柿个头很小，虽然外形艳丽娇俏，但是味道却十分奇特。欧洲人认为它有毒，只有狐狸和狼才会吃它。所以将其命名为"狐狸的果实"或"狼桃"。至今仍有欧洲人这样称呼它。

一次偶然的机会，英国的俄罗达里公爵发现了这种十分可爱的野生植物，把它移栽在花园里，视为珍宝。在伊丽莎白一世女王生日那天，公爵摘下艳丽的果实献给女王，以示自己炽热的爱情。

英国历史上有两位伊丽莎白女王：一位是现代的伊丽莎白女王，一位是伊丽莎白一世女王。出生在十五世纪的伊丽莎白一世女王性情孤骄，是英国亨利八世与安妮·博林的孩子。虽然她被指定为王位继承人，但由于王室的纷争和宗教的干扰，伊丽莎白一世女王继承王位的路十分曲折艰辛。直到亨利八世去世后她才登上女王的宝座。

伊丽莎白一世女王在位 45 年，是英国的黄金时代。但是，伊丽莎白一生都保持独身没有结婚。来自西班牙、德国、罗马、瑞典等国的皇亲国戚排成了长长的求婚队伍，来求亲的国内的达官显贵更是数不胜数。其中，英国贵族俄罗达里公爵就是有代表性的一员。

伊丽莎白一世女王谢绝了所有求婚者的礼品，唯独收下了俄罗达里公爵这束鲜丽的西红柿，这一举动引起英国上下的极大轰动。虽然，伊丽莎白一世最终没有接受俄罗达里公爵的求婚，但是西红柿成了炽热爱情的象征。从此西红柿有了"爱情果"的美誉。

船长威尔逊是俄罗达里公爵的后裔，祖辈的故事和荣耀使他终生难忘。航海使欧洲人得到了"爱情果"，"爱情果"又使人们忆起了伊丽莎白一世女王时代的繁荣盛世。

所以，威尔逊放弃了许多陆上的工作机会，走上海洋，做了一名航海者，并把"爱情果"随身带在身边。

肖惠惠被这个故事感动了。回国后，《舷窗里的"爱情果"》的故事很快在网上走红，点击率节节攀升。

　　肖惠惠还专门查询了"爱情果"，也就是被中国称为"洋柿子"的西红柿传入中国的历史：西红柿最初传入中国是明末时期，是通过"海上丝绸之路"引进的。明代的王象晋所著《群芳谱》里写西红柿"最堪观，火伞火珠，未足为喻"，是西红柿最早作为国内观赏植物的记载。

　　直到 20 世纪初的鸦片战争前后，西红柿才在中国大力普及起来，成为大众喜爱的美食。

　　当人们食用这种美食时，是否想到是那些航海者为我们带来了它的美味和《舷窗里的"爱情果"》的故事呢？

"招鬼"的水蜜桃

"亚欧之星"号是艘集装箱船。

一日，"亚欧之星"号在码头吊装集装箱。吊完最后一箱集装箱时，太阳已经落山了。

船上轮机长毕云飞还在一只集装箱周围转悠。

这是一只特殊的冷藏集装箱，专门运送蔬菜鲜果。

毕老轨（船上对轮机长的俗称）将最后的固锁检查完毕，又测了箱中的温度，才走进船舱的餐厅。谁知他刚坐在餐桌前，值班水手就跑了进来："毕老轨，冷藏集装箱的温度计出了问题！"

毕老轨急匆匆地赶到甲板上，发现原来是集装箱的温度计坏了。这只冷藏箱里装有浙江奉化生产的水蜜桃，准备运往日本，水蜜桃的运输对箱内温度要求极高。

换上新的温度计后，毕老轨刚要离开，集装箱的报警器又轰轰响起来。

　　"真是见鬼啦！"毕老轨不禁叫起来。

　　费了好一会儿工夫，船员们终于修好了集装箱。原来，装卸工为了赶时间，违犯了操作规程，使集装箱擦碰了舱盖板，造成集装箱内电线线路出了毛病。

　　急得满头大汗的毕老轨，长长喘了口气，笑呵呵地说："都是箱内水蜜桃'招的鬼'捣的乱！当然，这也是对装卸工的惩罚。"

　　"水蜜桃'招鬼'捣乱？"人们望着毕老轨笑嘻嘻的样子，不禁喊起来，"这里面有故事！"

　　毕老轨绰号叫"毕三多"：见识多、知识多、故事多，是船公司有名的"海上故事大王"。毕老轨老家在浙江奉化，家里是当地有名的水蜜桃种植大户，因此毕老轨对水蜜桃情有独钟，经常给船员讲有关水蜜桃的故事。

　　"那就讲一段'水蜜桃招鬼'的故事吧！"

　　毕老轨望着大伙期盼的目光，慢条斯理地讲起了一段水蜜桃的传说。

　　"亚欧之星"号顺利抵达了日本横滨港。货主星野对水蜜桃的保鲜十分满意，听说毕老轨亲自过问，还讲了一段水蜜桃的故事，十分感激毕老轨之余也好奇他讲了一个什么样的故事。

　　中国的水蜜桃在日本十分畅销，星野专门请毕老轨到家里做客。应星野的要求，毕老轨讲起了水蜜桃的故事。

　　水蜜桃原产于中国，桃树最早野生在中国陕西、甘肃和西藏，在殷商文化遗址中就曾发现过桃核。早在秦汉时期，桃树就从遥远的西部翻山越岭来到山东，《孔子家语》里曾有记载：孔子陪鲁哀公时，哀公赏赐孔子一枚桃和一把黍子（小黄米），让孔子用黍子去掉桃毛后食用。

桃树至今有千余个品种，光中国就有八百余种。中国江苏的水蜜桃名扬天下。在清朝王象晋所著的《群芳谱》中记载：水蜜桃独具邑有之，而顾尚宝西园所出尤佳。顾尚宝是明朝松江府进士顾名士的弟弟，1559 年他在上海建了个园林，取名"露香园"，专门种植水蜜桃。

清朝光绪九年，浙江奉化果农从上海带回"露香园"水蜜桃的品种，加以改造，取名"玉露"，取琼浆玉露之义。一时水蜜桃名声大噪，销路大增。

此次，集装箱里装的水蜜桃，就是当年浙江奉化果农从上海引起进的"玉露"品种。

中国古丝绸之路开辟后，桃树翻山越岭传入了克什米尔、乌兹别克，后又传入波斯。因此后来从波斯引进桃树的人，便以为桃子是波斯所产，还给桃子起了个学名叫"波斯果"，这其实是误传。

印度的桃树是从中国古代的"海上丝绸之路"引进的。唐三藏曾在《大唐西域记》里记载了这段经历：相传桃树是从中国甘肃传过来的，印度人称桃子为"中国果"。

航海家哥伦布发现美洲新大陆后，桃树随欧洲移民进入了美洲。开始桃树不适应当地风土气候，开花多、结果少。直到 19 世纪初期，经过园艺家的努力，桃树才在美洲大陆安了家。如今，美国是产桃大国之一。生物学家达尔文对中国桃进行研究后,得出结论:欧洲桃有中国桃的血脉,美洲桃是中国桃的"孙子辈"。

讲到这里,有个船员高兴地站了起来:"太好了!"他边鼓掌边追问,"那集装箱里水蜜桃'招鬼'的故事呢?"

毕老轨笑着说:"这是中国民间对桃的一种传说。自古以来,人们似乎将好兆头和坏名声都强加在桃身上,食桃能长寿,桃木制作的家具能避邪,但是,有人却说桃能'招鬼',会惹是生非。这是由一个中国历史故事引起的。"

接着毕老轨讲了一个在民间传播久远的《二桃杀三士》传说。

说有一年,齐国的士大夫晏婴遇到公孙胜等三名大将军,三名大将军未向他施礼,晏婴认为他们持功自傲,便跟齐景公说,这三人居功自傲,早晚是国家的祸患。齐景公说三人都是勇士,这可如何是好。晏婴朝齐景公耳语几句,并唤人拿来两个桃子。在当时,桃子可是十分珍稀的贡品。

三人被传到宫里。齐景公对他们大肆褒奖后,让他们计功而食桃。结果有两人自恃功高,抢先拿了桃。第三个人说,论我的功劳难道还不能吃一个桃吗!前两人听了,觉得此人功劳确实比自己大,自己如此做法太贪婪了,便羞愧地刎颈自杀了。第三人见了,无比痛悔,为了一只桃子,彼死而我活,实在不仁不义,也自杀了。

后来,人们传说三人先后在宫里刎颈自杀,纯因太贪婪太居功自傲,引起桃的不满,招来了鬼,迷住了三人的心窍,让三人自责身亡。从此,民间就有了"桃招鬼"的传说。

　　大伙听完毕老轨有声有色的讲述，连连拍手称赞："毕老轨不愧为'毕三多'，讲得太棒了！"

　　毕老轨讲的这段故事，被船员放到了《船员网》上，引起了众多网友的点赞。

"幽灵船"里的"幽灵"

一则新闻吸引了众多人的眼球。

一艘在大洋里漂流了 60 多天的"幽灵船"被拖上岸边，在船上没有了食品和淡水的情况下，里边竟有一个人还活着，这简直是人间奇迹！

人们称这个人是"幽灵船"里的"幽灵"。《环球航海》杂志记者潘欣坐不住了，没有费多少波折，他找到了"幽灵"所在单位的办公室。不料房门紧锁。

人们告诉潘欣，"幽灵"叫戴维斯，去了法国著名的医学博士邦巴尔的研究室。原来，"幽灵"是按照邦巴尔的"邦巴尔法"，靠喝海水和鱼汁活下来的。

"海水不能喝，鱼汁不足取"是航海院校海上求生课的"金科玉律"。"幽灵"竟然靠喝海水和鱼汁活了下来，这究竟是怎么回事？

潘欣决心弄个明白。

通过船舶代理潘欣找到了邦巴尔博士。博士正忙于一个专题座谈会的准备工作，便吩咐助手将"邦巴尔法"简介送给潘欣。

潘欣迫不及待地翻开了简介。

> 海水的主要成分是氯化钠。人体需要水分，也需要一定的盐分。如果人体里盐分过多，轻者会感到周身无力口渴，严重的会发生肾衰竭。

> 喝海水时务必要有节制，不应连续喝超过6天。喝海水时一次应只喝1～2小口，吞咽要慢，每天数次。喝海水的总量不能超过1升，喝完几天海水后，需要接着再喝3天淡水。往复交替，身体就能正常的补液。这样就能坚持25天左右。

> 与此同时，你还可以获取海鱼、雨露和海里的浮游生物等。海鱼大多数是无毒可食用的。海鱼体内主要的成分是水，占海鱼总体的50%～80%。同时海鱼中含有多种氨基酸和蛋白质，是遇难者的理想食物。

读完"邦巴尔法"简介，潘欣大开眼界，同时也心存疑惑：这真的可行吗？

"邦巴尔博士为证明自己理论的可靠性，曾做过一次震惊世界的实验。"博士助手信誓旦旦地说，"很安全。"

接着，博士助手讲述了邦巴尔博士的"喝海水实验"。

一年夏天，邦巴尔博士与志同道合的朋友杰克·帕尔默乘橡皮筏"埃雷蒂克"号出海，没带任何淡水和食品。他们从摩洛哥出发穿过地中海，接着又横跨大西洋。

经过几十天的艰难航行，邦巴尔终于抵达了巴巴多斯（杰克已在丹吉尔下船），此举轰动了世界。

在漫长的漂泊中，邦巴尔靠喝海水、鱼汁和吃海洋生物生活，并没有产生腹泻和呕吐的情况。

最后，医生对他进行了全面体检，给出了一个惊人的结论：一切正常！

十分凑巧，潘欣离开研究室时，"幽灵"戴维斯恰巧从里面走了出来。

潘欣没有放过这千载难逢的机会，邀请"幽灵"戴维斯接受采访。

船舶代理把他们安排在一个咖啡厅。"幽灵"戴维斯回忆起在"幽灵船"上刻骨铭心的日日夜夜。

"幽灵船"是艘被遗弃的破旧货船，在被拖船拖至折船厂，即将到达目的地的前一天，绞船索不幸崩断，于是货船成了名副其实的"幽灵船"。

孤苦伶仃的戴维斯面对食品和淡水耗尽的"幽灵船"，欲哭无泪。

绝望中，戴维斯想起了曾经读过的一本书，里面介绍了"邦巴尔法"。他看到了一线生存的希望。

起初，戴维斯用小酒杯盛海水，每天只喝一小杯，坚持了几天。开始他有些不适应，但后来渐渐没有了不适应的感觉，他甚至没有感到口渴。

不久，戴维斯开始试着捕海鱼。

讲到这里，戴维斯来了精神。他喝了口咖啡，继续侃侃而谈："大洋里的鱼大多数在海的表层和中层生活，以比自己小的鱼类和其他海洋生物为食，多群聚觅食。有的鱼是'睁眼瞎'，只需要把用羽毛或布条做'鱼饵'投入海中，成群的鱼就会聚集过来。如此一来，海鱼成了我的'美食'和'饮料'。我在捕到的鱼背上开个口子，鱼汁就会渗出来。如果等不及，我就把鱼肉切成块，用布包起来用力拧，鱼汁就会源源而来。有时，为了吃到更多的食物，我将拴住裤角的裤子拖在船尾，让裤子如同'拖网'随船漂流，海中的众多生物尽收'网'中，够我吃上几天。就这样，喝海水、饮鱼汁、吃浮游生物，我在海上坚持了 60 多天。"

说到这里，"幽灵"戴维斯伸出满是肌肉的手臂说："经医生检查，我除了有些便秘外一切正常！"

望着戴维斯健硕的身体，潘欣万分感慨地说："人们称戴维斯是'幽灵船'里的'幽灵'真是不过分啊！"

"船长酒馆"的"镇馆之宝"

这是一个航海探险者与葡萄酒之间的故事。

远洋船员家属院对面的小巷里,有家独具特色的"船长酒馆"。

船长酒馆门面不大,里面的陈设也极其简单,只有几张桌子和几把椅子。但是光顾酒店的人流却源源不断,酒馆生意十分红火,可谓"酒香不怕巷子深"!

开酒店的是位退休的船长,名叫秦琼。

年轻时,秦船长喜欢喝闷酒,腰间常挂着把锡制的小酒壶。闲暇时他喜欢望着大海抿上几口,逢年过节总要喝上三小壶,因此他有了"秦三壶"的绰号。

船长酒馆是秦船长退休后在住处旁开设的,主要接待航海界的老朋友。

人们说酒馆里有"三宝",这"三宝"是秦船长随身携带的锡酒壶、一坛野生葡萄酿造的葡萄酒和一盘老式录音带。其中那坛被誉为"镇馆之宝"的葡萄酒，据说与航海有关。

潘遥遥是个高中毕业准备升大学的学生，父亲是位远洋船长，与家人聚少离多，父子见上一面可谓"遥不可及"。"遥遥"成了父亲盼望见到孩子时的口头禅。

遥遥的爸爸是个"海杆"海员，虽然航海十分辛苦，他还是希望"子继父业"，让遥遥也做一名远洋海员。"难道自己也要成为家庭的'遥不可及'吗？"当遥遥考虑选择航海院校时，这个问题一直在困扰着他。

一天，遥遥父亲特意将遥遥带到船长酒馆。

来酒馆前，遥遥听爸爸介绍：秦船长是位有名的航海家，航程加起来可绕地球十几圈。酒馆里还有许多"宝贝"与航海有关，特别是那坛"镇馆之宝"葡萄酒。

见到秦琼船长后，这位知名航海家的形象，完全出乎了遥遥的想象：秦琼船长是一个干巴瘦小的老头，脸上的皱纹宛如大海的波涛，说话还有些结结巴巴。"难道这就是大名鼎鼎的航海家吗？"

应遥遥的要求，秦琼船长向遥遥讲述了酒馆"镇馆之宝"的来历。

秦船长那时当上船长不久，驾船来到北欧挪威的奥斯陆港。

由于秦船长克服了航程中的重重困难，提前将货主急需的物资运到了目的港，货主十分感谢他，特地在港口附近一家别致的酒店招待秦船长。

这是一家以挪威历史上著名的航海探险家的名字命名的酒

店——红发埃里克酒店。

酒店里挂有埃里克巨幅画像，一种用野生葡萄酿造的葡萄酒散发诱人的香气。

闻到甘甜迷人的酒味，秦船长破例倒掉了壶中的自备酒，斟满葡萄酒，连饮三壶，大呼："好酒！"看秦船长如此热爱这种葡萄酒，货主向秦船长讲起了埃里克航海探险的故事和葡萄酒的来历。

公元 10 世纪前后，整个挪威的大陆和海域，几乎笼罩在北欧海盗的阴影里。

海盗除了抢劫外，还充当着商人和移民的角色。海盗驾驶着狭长的快帆战船，游荡在英国、爱尔兰、法国等地的海域。与此同时，许多人还在这些土地上居住下来，开垦土地，种植庄稼。世界闻名的波罗的海通往俄罗斯内河的航线，就是那个时候开辟的。

在这些移民活动中，最突出的成就，就是他们穿越波涛滚滚的大西洋发现了今天的格陵兰岛。这个发现远在哥伦布发现美洲新大陆之前。

完成这次壮举的正是挪威的红头发航海探险家埃里克。

大约在公元 982 年，由于躲避饥荒，埃里克带领一批船员，从家乡挪威向西部海域驶去，打算寻找新的居住地。

这次航行危机四伏，没有地图、没有向导，海面除了大雾就是狂风恶浪。

埃里克率领大伙不断前行。

终于，他们发现了一片陆地。这里没有人烟，草原肥沃，驯鹿奔跑，鸟儿飞翔。

埃里克把这块土地命名为格陵兰（Greenland）。

三年后，埃里克回到家乡，招募了新移民，众人乘坐 23 艘大船重返格陵兰。但最后只有 14 艘船抵达目的地，其余 9 艘船永远消失在了茫茫大海里。

埃里克和船员在这里定居下来，成了格陵兰历史上第一批移民。但是，挪威人的探险活动并没有结束。

一个叫比加尼的商人，企图沿着埃里克的航线，从冰岛驶向格陵兰。不料，途中遭遇大雾，商人迷失了方向，漂流几天后他才登上一块陆地，但这里并不是他要去的格陵兰。

这块陌生的土地引起人们的好奇和关注。

多年以后，埃里克的大儿子莱夫·埃里克带领船队，沿着比加尼的航线，找到了这块陆地。

人们在这里安顿下来。

一天，一名船员突然像喝醉了酒一般，东倒西歪，语无伦次。对其进行诊治后大家发现，原来这名船员贪吃了这里生长的野生葡萄。

这里气候温和，草木茂盛，野生葡萄成了最佳的酿酒原料。

于是，人们把新发现的这块土地叫作"文兰"（Wineland，意为酒的土地）。

冬去春来，莱夫·埃里克率领船员满装野生葡萄回到了格陵兰，开始酿造葡萄酒。

"这是自非洲埃及人酿造葡萄酒后，首位酿造葡萄酒的北欧人，比哥伦布发现美洲新大陆还早许多年！"说到这里，货主显得十分兴奋和自豪，他提高嗓门说，"为了纪念这对航海家父子，挪威和冰岛建立了纪念碑，还建造了以他们父子名字命名的酒店。"

当秦琼船长问起饮用的葡萄酒时，货主介绍说："莱夫·埃里克从文兰带回的野生葡萄在挪威生根发芽，成了欧洲有名的葡萄酒原料，很快传遍了欧洲。人们称它为'莱夫葡萄酒'，这是对航海探家的尊重和纪念。"

听着货主的讲述，秦船长十分感动，用他随身携带的录音机记下了这段故事。

临别前，货主特意送了船长一坛莱夫葡萄酒，作为纪念。

这坛葡萄酒成了船长酒馆的"镇馆之宝"。

听完秦琼船长的介绍，遥遥的疑问顿时烟消云散。俗话说，人不可貌相，海水不可斗量，秦船长是位名副其实的、阅历十分丰富的航海家！

遥遥从船长酒馆归来后不久，在填报高考志愿时，郑重地填报单上写上了"航海学校"。

"太阳船"里的胡椒香

"东方朔"号刚一到达亚历山大港，臧佳就马上下船赶往"太阳船博物馆"。

此刻，薛靳早已在此等候。薛靳是中国远洋公司驻埃及的首席代表，也是原来"东方朔"号的船长。

臧佳是船上的水手长，酷爱船模。家中有个小小的船模陈列室，里面藏着不少"宝物"：郑和七下西洋的"宝船"，跨洋西渡美洲的"龙头凤尾船"，悬挂"海盗骷髅"的多桅快船，刚刚仿制的"南海一号"商船……这些都是臧佳从世界各地淘来的。

不久前，臧佳听说埃及金字塔下新建了一座"太阳船博物馆"，里面陈列着一艘 2000 多年前制造的船。于是在"东方朔"号来到亚历山大港的前一天，臧佳拨通了老上级薛靳的电话。

他们一起来到太阳船博物馆。

"'太阳船'这个名字很奇特。"薛靳介绍说，"古埃及人认为人死后要飞向太阳、飞向天国，在墓旁埋条船，死后就可以乘它飞天，安居天国。所以这种陪葬船叫'太阳船'。"

薛靳曾多次光顾太阳船博物馆，对这里十分熟悉："博物馆里展示的太阳船是古埃及四代王朝法老的陪葬品。"

虽然天气炎热，博物馆里仍然挤满了来自世界各地的游客。

"这是迄今为止现存的世界上最大、最古老、保存最完好的船，极其珍贵。"薛靳边说边向守馆人打招呼。守馆人见到薛靳极其热情，破例给他俩发了免费参观证。

"我来过这里多趟，已和他成了老朋友。埃及人对中国船员十分热情友好。"薛靳边与对方握手，边把臧佳介绍给对方。

走进博物馆底层大厅，臧佳眼前就出现了一条很深的大坑。

"这里是太阳船出土的地方。"接待他们的是开罗大学历史系毕业的爱拉女士，她能讲一口流利的英语。她介绍说："太阳船的出土位置就在金字塔南端。"

臧佳边看边听介绍："太阳船发现于20世纪中叶，是考古学家卡迈尔先生首先发现的。后来，文物修复专家艾哈曼德在没有任何图纸、绘画和文字资料的情况下，历经10多年才恢复了太阳船昔日的雄姿。"

说着，爱拉拿出一张复原的太阳船照片说："这艘船不仅是陪葬品，还是当年埃及水上运输的主要工具。埃及人用它把法老的遗体以及法老日常使用的日用品和食物，一并从尼罗河运到金字塔下。"

走上二楼天桥。一艘架在大厅的太阳船复制品展现在他们眼前。标牌上写着：船高 7.5 米，宽 3.9 米，高 41.5 米。

臧佳发现，这艘船不仅甲板上有凉棚和舵舱，船头还刻有荷花，船尾画有花草。爱拉女士解释说："从造船技术角度看，太阳船达到了较高水平。狭长呈流线型的船体和扁薄成刀刃的船底，既利于太阳船破浪又减少了航行阻力。船上装有十把木桨，为太阳船提供动力，船尾两把直插水中的木桨，则和船舵有相似的作用。"

这时，臧佳惊奇地发现，庞大的太阳船的船板上，没有一颗铁钉，各部分全靠股股棕麻绳捆绑在一起的。爱拉女士说："2000 多年前没有铁钉，这种用麻绳捆绑各部分的方式现在看起来有些简陋。"

一直沉默的薛靳船长开了口："这是划时代的创举，显示了古埃及人的智慧。"

说话间，一个电视摄影组来到博物馆。走在最前面的是位双鬓斑白的老者。

爱拉女士介绍说，长者正是太阳船的发现者卡迈尔先生。

听完爱拉的引荐，卡迈尔高兴地说："欢迎来自中国的朋友。最近看了中国的纪录片《南海一号》，深受启发。中国和埃及都是历史悠久的文明古国，两国的文化是人类文明中的明珠。"

提到《南海一号》，臧佳激动不已。一年多以前，为寻找和仿制"南海一号"船模，他利用假期，专门来到广东的"南海一号"博物馆。

"南海一号"是一艘南宋时期的木质古沉船。沉没于广东江门以南 20 海里处的南海，距今已有 800 多年的历史。由于海水和泥沙隔绝氧气，船被整体打捞出水后，仍然保存完好，舱内的物件、植物遗存十分丰富。特别是其中一百多粒的颜色灰暗的香料——胡椒，更让臧佳着迷。因为这是历史上西方人寻找的"宝物"之一。

臧佳将参观南海一号博物馆的事情讲给卡迈尔。

当讲到胡椒时，卡迈尔按捺不住激动地说："在我们研究过的许多太阳船里都发现过胡椒香料。唐代之后，中国的商船已进入红海，有些船从红海登陆后，靠骆驼把货物送到尼罗河上游的阿斯旺港，再由埃及船队所属的太阳船，把货物运往地中海，向欧洲出口。胡椒是欧洲人十分珍稀的美食香料，几乎每艘太阳船都载有胡椒，人们远远就会闻到胡椒的香味。"

听完卡迈尔的介绍，臧佳十分高兴，在征得博物馆的同意后，他走近太阳船，用随身带的相机，跑前跑后拍个不停。

至今，由于种种原因，臧佳的"太阳船"船模尚未制成。但是，每当看到那张"太阳船"的照片时，臧佳总会想起里面的胡椒，闭上眼，仿佛就能闻到胡椒的香味。这是中国人的骄傲，是航海者的骄傲。

寻找乡愁里的"煎饼"

"真是太感人啦!"

赖航船长边流泪边把一封用塑料袋装好的信放进衣袋。

这是"远东太阳"号船员第一次看到倔强的赖船长流泪。

事情发生在美国西海岸的西雅图港。

"远东太阳"号来到西雅图时,正值中国传统的中秋节前夜。

当地的华侨闻讯成群结队来到船上,给船员们带来了礼品和问候。

有的华侨在甲板上边走边喊:有没有广东老乡、浙江老乡?

当他们寻到船上的老乡时,眼泪不禁夺眶而出。有的还拿出了保存几十年的小时候戴的银锁、奶奶缝制的肚兜儿、家乡传统的刺绣等。

其中一位双目失明的老人,在亲友的陪伴下把船的前甲板到后甲板,用手摸个遍,还不停地说:"终于盼来家乡的船啦!"

那场面十分感人。

当地华侨的登轮参观活动，一直持续到"远东太阳"号离开西雅图回国。

就在"远东太阳"号即将离开西雅图的当天，一桩使赖船长落泪的事情发生了。

船刚结开系缆，一位长着褐色眼睛的美国妇女，领着一个黑眼睛的中国少年急匆匆赶到船边。

那时船缆已经收进缆车，船开始移离码头。

这位褐色眼睛的美国妇女，不顾一切地冲过熙熙攘攘欢送的人群，一边摇晃着手中的塑料袋，一边高喊着："请把这个带给船长！"

人们传递着，把这个塑料袋拿上了甲板。

赖船长打开塑料袋，里面是一封写给船长的信。

写这封信的人，正是那位褐色眼睛的美国妇女。她名叫凯莉，是两个孩子的妈妈。女儿继承了她和丈夫的褐色眼睛和金色头发，儿子却是个黑眼睛的地地道道的中国小孩，很显然这是收养儿。

凯莉是位手语翻译，她的丈夫是个聋哑人，女儿米拉听力正常但不能说话。

女儿米拉出生不久，凯莉就开始为她寻找一个年龄相仿的兄弟，她希望自己可以收养一个聋哑儿。

几年前，凯莉和丈夫不远万里来到中国一家福利院。

自20世纪中期，中国对海外开放儿童收养以来，中国已经成为世界最大的送养国之一，有数万名中国儿童被美国家庭收养，其中绝大多数是先天残疾或出生时患有严重疾病的儿童。

凯莉夫妇在福利院的帮助下收养了一个被遗弃的男孩，名叫龚龙。他患有双耳极度感音性耳聋。

凯莉丈夫为龚龙起了个手语名字，平时用手语与龚龙打招呼，聪明的聋龙手语学得很"溜"，很快便能用手语与家人和邻居顺畅交流。

一家人生活得融洽欢乐。

一晃几年过去了，龚龙完全适应了西雅图的家庭生活。

一天，凯莉拿出龚龙小时候在福利院的照片，对着龚龙，一边用手比画照片，一边说："你爸爸妈妈在哪里？"

龚龙似乎明白了什么，抬头望着远方，眼里充满了期盼的泪水。

凯莉和丈夫决定寻找龚龙的亲生父母。

可是，这个愿望一直没有实现。寻找弃婴父母不是件容易的事情，何况龚龙还是个从小离开家乡的残疾人，对家乡几乎没有记忆。

一晃又过去了五年。

这年圣诞节前夜，医生向凯莉宣布了一个坏消息：龚龙被查出患有罕见的遗传性疾病——色素性视网膜综合征，又称"乌谢尔综合征"，几年后他就会完全失明。目前的医疗技术对此病无能为力。

凯莉全家陷入了极度痛苦中。

凯莉决定在龚龙失明前，让他亲眼看一下他的亲生父母。

漫长的寻亲路又开始了。

由于相距遥远，又几乎没有线索，尽管凯莉和丈夫经过多次努力，结果却都让他们失望。

望着渐渐长大的龚龙，凯莉全家十分焦急。

然而，龚龙却没有绝望，他站在阳台上望着远方，默默地说："会找到爸爸妈妈的。"

一天，一个偶然的机会给寻亲路带来一丝线索和希望。

西雅图唐人街一家新建的"煎饼店"，引起了龚龙幼时的回忆。在龚龙被遗弃前，外婆见他饿得哭闹时，总会做张又脆又香的煎饼哄喂他。时间久了，每当龚龙哭闹时，外婆一喊"煎饼"，龚龙的哭闹就戛然而止。煎饼成了龚龙小时候唯一的记忆。

在凯莉夫妇从唐人街的煎饼店知晓，煎饼是中国北方农村经常食用的特色食品后，寻亲之路又开始了。

当凯莉了解到"远东太阳"号来自中国北方沿海港时，她连夜写了这封求助信，希望船长能帮助他们圆这个寻亲梦。

赖船长拿着这封求助信，心里沉甸甸的：这是他几十年航海生涯中最感人的故事，最激动人心的"乡愁"。

赖船长决定完成这个特殊的使命！

赖船长回到国内后，发邮件、打电话，凡是常食用煎饼的地区他都查个遍。终于，他通过媒体找到了当年收养龚龙的福利院，还找到了最初发现龚龙的小保安。

然而福利院已经拆迁，档案遗失，线索又断了。

就在这时，转机出现了，一名记者联系到当地一家儿童听力筛查诊断中心。一名老医生找出了当年龚龙的病例。病例上清楚地写着患儿父母的联系方式。

终于，龚龙的寻亲梦实现了！

"远洋生活是孤寂的，也是丰富多彩的。它给人许多知识，也给人许多启发和教育。我终身不悔选择了海员这个职业。我爱航海，我爱海上生活！"

找到龚龙亲生父母当天，赖船长在日记里写下了以上几句话。

"赤道龙王宴"的前世今生

　　池琛是个幸运的年轻水手,刚上船就赶上"中兴"号横跨赤道。

　　航海界从古至今,一直保留着船过赤道时举行祭祀仪式和庆祝活动的习俗。

　　古时候,航海技术不发达,穿越赤道是件"可望不可即"的"丰功伟绩"。穿越赤道时,要大摆酒席,祈祷海神保佑和赐福。祭祀和庆祝活动虽然形式多种多样,但有几项却不能少:由船上或附近岛上的老者扮成"赤道龙王",逐个给首过赤道的船员,进行"脱胎换骨""改头换面"和"冲洗灵魂"三个洗礼仪式。然后,船上要准备一顿"赤道龙王宴"来款待大家。那时还是帆船时代,船上条件有限,人们只能将临时捕捉的鱼虾和稻米做成大锅的"赤道龙王宴"。

　　据历史记载,远古的帆船时代,船上缺食少菜,条件极差,"赤道龙王"只能将首过赤道的船员用绳索系住,从船一舷抛下海，再从另一舷拉上来，这样就可以说到"赤道龙王"那里报过到，吃过"赤道龙王宴"了。

池琛祖孙三代都是海员。他的爷爷和父亲都参加过赤道的仪式，吃过"赤道龙王餐"，还都有个过赤道的诨名。

爷爷过赤道时，还是民国初期，国内没有自己的船队，船员一般被雇佣在外国轮船上。那时的船都是烧煤炭的蒸汽机船，设备简陋，没有冷藏设备，储藏食物的期限较短。船上只能用土豆和现宰杀的火鸡，煮一大锅"赤道龙王宴"，再配上甜点、水果以及葡萄酒，在"赤道龙王"的赐福声中，热热闹闹地度过一个不平凡的时刻。

父亲过赤道时，已经是解放初期。那时国内刚刚组建了自己的船队，船上的设备也有了很大改善，不仅由原来烧煤炭的蒸汽机船改了烧油的内燃机船，还有了储存食物的冷藏设备。"赤道龙王"由船上的老水手长扮演。大伙参拜过"赤道龙王"后，聚集在船舱的餐厅里，一边听"赤道龙王"讲述以往过赤道的故事，一边享受"赤道龙王宴"。这道"赤道龙王宴"是船长亲自精心安排的，船上大厨来自四川成都，所以这道"赤道龙王宴"充满了麻辣味：辣子鸡丁、麻婆豆腐、四川老火锅……

祖父和父亲过赤道的经历给池琛留下了深刻记忆。

此次"中兴"号横跨赤道，正值中国援建坦赞铁路五十周年。

"中兴"号是艘专门运输援建铁路物资的运输船。所以当地的非洲居民特地为"中兴"号横跨赤道做了事先准备。

"中兴"号是我国自行设计制造的大型远洋货轮。设备先进，除了配有卫星导航设备外，机舱也实行全自动化无人操纵系统。

"中兴"号抵达赤道附近时，一艘由附近岛屿居民准备的五彩缤纷的小船已在此等候。小船上扮演"赤道龙王"和"小鬼"的人群，在一阵喧腾的锣鼓声中登上"中兴"号。

"赤道龙王"是由岛上一名长老扮演的，他头戴面具，身穿龙袍，在一群手持刀叉的"小鬼"的陪伴下来到甲板。

池琛和其他首跨赤道的船员，身穿短裤，光着脊梁，毕恭毕敬地站在"赤道龙王"面前，等待"洗礼"。

仪式开始，池琛和其他等候"洗礼"的船员，依次被唤到"赤道龙王"面前，先由"小鬼"用椰壳做的"听诊器"检查身体。接着把船上通风筒取下来，放在甲板上，受洗礼船员依次钻过去，意为"脱胎换骨"。然后"小鬼"把五彩缤纷的涂料抹到每个人头上，号称"改头换面"。最后将成桶的海水从船员的头顶泼下，称作"冲洗灵魂"。

经过以上洗礼，受洗礼的船员依次被叫到"赤道龙王"面前。"赤道龙王"会根据每个人的特征，给他们起个过赤道的诨名。

池琛因为人高马大，被"赤道龙王"起了个"海象"的名字。

仪式结束，已经到了午餐的时候。人们纷纷赶到船上餐厅，去享受"赤道龙王宴"。

餐厅里四张圆形的大餐桌上，大盘小碟里摆满了各式各样的佳肴和美酒。

现在船上的设备条件已今非昔比：硕大的冷藏箱里，各类食品应有尽有，为"赤道龙王宴"提供了充足的食材。

池琛望着眼前丰富的"赤道龙王宴",不禁想到了爷爷和父亲过赤道时的"赤道龙王宴"。他感慨万千:"现代海员生活与过去比真是天壤之别!"

"赤道龙王"在船长陪同下来到餐厅,用刚学会的中国话宣布:"祝大家过赤道顺利,就餐开始!"

船长一边向大家敬酒,一边向大家介绍说,非洲人民为感谢中国人民对他们的无私援助,利用"中兴"号过赤道的机会,特地带来了他们奉为上品的"炸白蚁",这是专门为尊贵客人准备的非洲"神肉"。

人们望着用椰壳制成的碗里一只只油亮喷香的白蚁,一边鼓掌,一边品尝着。

餐厅里充满了热烈友好的气氛。

一直到夕阳染红了大海,"赤道龙王宴"才在一片"中非人民友好万年长"的欢呼声中结束。

在"中兴"号返程的路上,池琛在日记里写道:"在天堂的爷爷和退休的爸爸要是知道我今天过赤道的情景,一定会为我高兴,为今天的中国骄傲!"

"百味"船长的"麻婆豆腐梦"

魏百珂船长船技好、人缘好，是位在航海界颇有名气的航海美食家。人们亲切地称他"百味"船长。

"百味"船长出生在有"食在广东"之称的汕头。祖辈是有名的厨师，从小就对广东美食情有独钟。

在"百味"船长高中毕业前夕，一次偶然的机会，他参加了当地一个"航海日"的庆祝活动。活动期间，一位资深的老船长，讲述了自己环球航行的经历，还介绍了世界各地的美食。他想：难道自己是"井底之蛙"，世上还有比广东美食更好的美食？

"百味"高中毕业后，选择了航海学院。从此他跟大海结缘，开始了终身不弃的海员生涯。几十年的航海经历，"百味"船长足迹遍布全球，他饱览了各地的绮丽风光，尝遍了异国的美食佳酿。

有一年，百舸船长被派到澳大利亚一艘名叫"新大陆"号的船上做船长。这天，船来到澳大利亚的悉尼港。船东了解到船长是位航海美食家，特意邀请船长和船员光临海滩的一家特色餐馆——"海滩鳄鱼屋"。这里是世界上唯一一家烹调鳄鱼的餐馆。人们望着餐馆墙壁上悬挂着的鳄鱼皮，看着餐桌上血淋淋的鳄鱼肉，迟迟不敢下手。这时，只见船长撸起袖子，举起刀叉，将一块沾满沙拉的鳄鱼肉放入嘴里："人食百味，方懂美食！好味！"从此，大家亲切地称呼他为"百味"船长。

一晃几年过去了，"百味"船长笔耕不辍，先后又写了几本航海与美食的书：《韩国的泡菜宴》《日本料理与海豚餐》《神秘的非洲"神肉"》《浪漫的挪威船餐厅》《芬兰的"森林酒屋"》《巴拉圭的冷食节》《俄罗斯人与馅饼》……"百味"船长的名气越来越大，被誉为"航海美食第一人"。但是不久前，一次偶然事件，让"百味"船长产生了一个新的梦想："让中国的美食走向世界！"

一天，船来到了加拿大的温哥华。船上老轨（轮机长）李欣有位四川成都老乡，在当地唐人街开了家川菜馆，专门经营四川名菜"麻婆豆腐"。老轨特约"百味"船长前往品尝。

店面不大，里外挤满了人：有当地华人，更多的是外国朋友，甚至有从外地专门赶来尝鲜的。

"百味"船长虽说号称"航海美食第一人"，却是第一次品尝这道四川名菜。

"百味"船长边品尝边听店主介绍：麻婆豆腐已远渡海洋，在美国、加拿大、英国、法国、越南、马来西亚、日本、澳大利亚等几十个国安家落户，从一道家常小菜一跃登上大雅之堂，成了国际名菜！

回船的路上，"百味"船长一边回味着这道"国际名菜"的余香，一边感慨地说："没想到一道普通的中国家常菜有这么大的魅力，中国的饮食文化真是博大精深！"

远洋归来后，"百味"船长利用假期，专程来到"麻婆豆腐"的发源地——四川成都。

"百味"船长找到了首创麻婆豆腐的老店。不仅了解了麻婆豆腐店的历史，还知晓了它的制作过程。

不久，在《航海美食》上，登载了一篇署名为"百味"船长的名为《国际名菜的历史和制作》的文章，引起了人们的关注。

作为一名海员，看到中国一道普通的家常菜——麻婆豆腐已成为世界许多地方人们喜爱的"国际名菜"，我十分感慨和骄傲。

相传清朝同治年间，成都万宝酱园里，一个姓温的掌柜，有个满脸麻子的女儿，叫温巧巧。她嫁给了马家碾一个油坊的陈掌柜。十年后，她的丈夫在运油途中意外身亡，温巧巧的生活成了问题。邻居每天都拿米和菜来接济她，正巧，温巧巧的左右邻居分别是豆腐铺和羊肉铺。于是，温巧巧把豆腐配上碎羊肉炖成羊肉豆腐，做成辛辣的味道，街坊邻居尝后都说好吃。

从此，温巧巧把自家房子改成饭馆，以羊肉豆腐作招牌菜招待顾客。由于物美价廉味道好，酒馆生意十分红火，名声也越来越响。温巧巧终身未再嫁。她死后，为纪念她，人们就把她发明的羊肉豆腐称为"麻婆豆腐"。现在这道极普通的家常菜，已经漂洋过海，成为深受国外朋友喜爱的"国际名菜"。

麻婆豆腐主要食材是嫩豆腐，辅材是豆瓣辣椒酱、花椒、牛肉或猪肉，辣来自辣椒，麻出自花椒。尽管现代麻婆豆腐根据各地人们的口味，有了许多新的品种，但可谓百味不离"麻"和"辣"。

麻婆豆腐传播成为一道"国际名菜"，充分说明了中国饮食文化的博大精深。作为一名海员，我要努力把其他的中国美食如同麻婆豆腐一样传播到世界各地，这是我终生的梦想！

"百味"船长是这么说的，也是这样做的。他把中国八大菜系的形成和历史，写成了厚厚的一本《中国美食谱》，随着远洋的航船将中国美食带到世界各地。

"百味"船长的头上又多了个"中国美食代言人"的头衔。

永不沉没的"冰激凌"

程鹏是位出身于贫困地区的远洋船长。

程鹏船长自幼丧父,在"面对黄土背朝天"的母亲的精心照料下,顺利地高中毕业,考进了航海院校。

亲情和母爱给了他勇气和力量。从学校毕业后,经过多年的奋斗,他成了一名优秀的远洋船长。

几十年的远洋生涯,程鹏船长积累了丰富的人生阅历,特别是人类崇高的亲情和友情,使他备受感动。

一次,程鹏船长在一艘外籍客轮上做实习船长。一位耄耋之年的旅客引起他的注意:老人来自英国,是位"二战"老兵,胸前配挂着勋章,这一次,他是专程前往大名鼎鼎的"寻亲舱"的。

"二战"期间,德国的战列舰"俾斯麦"号与英国的巡洋舰"德胡"号在冰岛附近海域相遇。"俾斯麦"号连发数弹,击中了"德胡"号的要害。"德胡"号迅速下沉,船上除少数人获救外，其余一千多名官兵全部遇难，这是"二战"期间最惨重的海难之一。战后，打捞出水的"德胡"号成了人们缅怀烈士的特殊"纪念馆"，众多"二战"老兵和烈士的亲属纷纷来访，人们亲切地称它"寻亲舱"。

老人名叫亨利，是当年"德胡"号上的一名一等水兵。老人边介绍边拿出自己当水兵时的照片。接着老人向程鹏讲述了当年"德胡"号遇险得救的故事。

"二战"期间，父母双亡的亨利参加了英国的海军，在"德胡"号上担任水兵。他在船上结识了爱尔兰的水兵汉斯，两人亲如兄弟。

1945年初的一天，俩人值完班回到舱室。突然，几声连续的巨响震惊了船上所有人。"德胡"号遭到德国"俾斯麦"号战列舰的猛烈袭击，船身被拦腰折断，"德胡"号瞬间倾斜沉入水中。

船舱里活着的人只能从唯一的舱口钻出，他们必须快速游出漩涡才能逃生。亨利憋足了气朝舱口游去，这时，汉斯也游到了舱口。舱口很小，只能容一人通过。汉斯比画了一个让亨利先过的手势，还未等亨利缓过神来，汉斯一把将亨利推出了舱口，只听"轰"的一声，"德胡"号瞬间沉入水底。

亨利得救了，汉斯却永远葬身于大洋深处。由于逃生匆忙，住在同一舱室的俩人穿错了衣裳。亨利掏出汉斯口袋里的证件和他随身携带的母亲照片，再也控制不住自己的感情，号啕大哭起来。

从此，亨利成了汉斯双目失明的母亲的"儿子"。由于亨利熟悉汉斯的习惯和爱好，他很好地扮演了"儿子"的角色。汉斯母亲直到过世，也没有发现这个秘密。人们也都把亨利当作了汉斯。

不久前，亨利在"二战"纪念会上获得一枚爵士勋章，这是战士的最高荣誉。此刻，亨利准备把埋藏在心中许久的秘密公之于世。所以他特地赶到当年"德胡"号的"寻亲舱"，走进当年自己与汉斯共住的舱室。

事后，亨利来到汉斯的墓前，把那枚爵士勋章摆放在墓碑前，说道："安息吧！兄弟，活着的不是亨利而是汉斯！"这句话感动了成千上万的欧洲人！

听完老人一板一眼的讲述，程鹏船长感动地流泪了，世上居然有这么感人的故事！

远航归来后，程鹏船长不顾旅途的疲劳，连夜在远航日记上写下了这个感人的故事。

从此，程鹏船长一发不可收拾，利用远航的机会，搜集整理了许多海上感人的故事，将它们结集成册。程鹏船长成了远近闻名的海员作家。

不久前，程鹏船长被聘到一艘科学考察船担任船长。

这天，科考船来到冰天雪地的南极海域，此时正值"泰坦尼克"号遇难纪念日。船上放映着人们熟悉的电影——《泰坦尼克号》。

船上一位毕业于美国哈佛大学的专家徐迪博士，知晓程鹏船长是位知名的海员作家，写了许多海上的故事，特地走进程鹏船长的舱室，向他讲了一个与"泰坦尼克"号有关的、影片中未曾涉及的故事。

徐迪博士对哈佛大学感情深厚，有一个直接的原因是，哈佛大学有座闻名于世的图书馆——怀特纳图书馆。

怀特纳是徐迪博士的校友，是"泰坦尼克"号上遇难的哈佛大学高才生。

怀特纳出身豪门。虽然家境富足，父母对他要求却十分严格，甚至有些苛刻。怀特纳成年后独闯江湖，受尽磨难，成了哈佛学子的榜样。不幸的是，在一次乘坐"泰坦尼克"号途中，他遇险身亡。按照当年"泰坦尼克"号的幸存者回忆，怀特纳完全有机会逃生，已经爬上救生艇的怀特纳，把救生艇唯一余下的位置让给了一个女孩。

失去儿子的怀特纳母亲十分悲痛。家境富足的怀特纳十分低调，平时粗衣淡饭，唯一喜好就是吃"冰激凌"。母亲满足了懂事的儿子的要求，每天总是准备一杯冰激凌，无论怀特纳在不在家，母亲总是按时把冰激凌放到怀特纳书房的书桌上。天长日久，冰激凌成了儿子的"代名词"。望着冰激凌，母亲就会想起怀特纳。

所以，在怀特纳母亲向哈佛大学捐建"怀特纳图书馆"时，特地提出几个条件：建成的图书馆外形不得改动一砖一瓦，怀特纳书房的书桌上每天必须放上一杯冰激凌。

近百年过去了，哈佛大学满足了这位深情的母亲的要求和愿望。

怀特纳图书馆有如"泰坦尼克"号一样气派：大厅有数 10 米高的拱形屋顶，玄关里有水晶吊灯和铜制扶手。图书馆里藏书达 400 多万册，排排铁式书架摆满了各式各样的书籍，可谓书的海洋。

图书馆最神秘的地方是，从大厅沿着大理石台阶一路向上，在一扇厚厚的铁门后面，有一间怀特纳的纪念书房，完全按照怀特纳生前书房的样子建造。

徐迪博士在哈佛读了几年书，几乎每天都要来到怀特纳图书馆，每当路过怀特纳书房，徐迪博士都会看到书桌上摆着一杯冰激凌。

听完徐迪博士的讲述，程鹏船长感动万分：冰激凌成了怀特纳的化身，成了母亲对儿子的寄托！

远航归来后，程鹏船长根据这个感人的故事，写了一篇《永不沉没的"冰激凌"》，故事传开后，感动了许许多多的人。

海上"甄能煮"传奇

一天，"繁星"号靠泊在加拿大的温哥华，当地电视台一档烹饪节目，让欧阳船长想起了十多年前的一段往事。

那年，欧阳船长驾船来到泰国，受寒潮袭击，船上多数船员染上风寒。由于船上缺医少药，船上的大厨甄辉将船上仅有的几条鱼，用花椒、大料、姜和家乡带来的一包草药熬成一锅热气腾腾的鱼汤，供船员食用。没想到，船员们的风寒真有好转。甄辉从此一发不可收拾，他把海鲜、禽珍、草药、山货等变着花样煲汤，成了远近闻名的"甄能煮"。

不久后，"甄能煮"打算辞职远走他乡。临行前，甄辉特意煮了一锅靓汤款待全船兄弟，拱手说："'甄能煮'这个称号完全是意外收获，全靠船上兄弟捧场！"

临别时，欧阳船长特意写了八个字送给甄辉："靓汤煮鲜，贵在人志！"

船长想，莫非这个节目里的"甄能煮"就是当年的大厨甄辉？据说甄辉几年前已经移居加拿大，开了家中餐馆。

欧阳船长抽空走进唐人街的"甄能煮"餐厅，餐厅老板正是甄辉。

可惜不巧，甄辉去美国洛杉矶出差了。大堂经理听说欧阳船长与甄辉是老相识，连忙将欧阳船长引进内室。内室一派东方风韵，正墙中心悬挂着欧阳船长书写的八个大字：靓汤煮鲜，贵在人志。

这时，欧阳船长嗅到一股浓烈的草药味。大堂经理见欧阳船长满脸诧异，连忙推开内室一间堆满草药的储藏间。"与草药有关的故事，您还是听甄先生讲吧！"大堂经理神秘地说。

"繁星"号开航前，甄辉从外地归来，急忙赶到船上。讲起那段生死传奇，甄辉不禁泪流满面。

甄辉来到加拿大后不久，餐馆生意日益红火。一天，甄辉突然晕倒在地，经医生诊断，甄辉患了重病，无特效药物可以治疗。回到餐馆的甄辉，望着欧阳船长在墙上书写的八个大字，感慨万千：自己创业刚起步，竟遭如此大的打击！一直十分倔强的甄辉不禁瘫倒在地。

这时，厨房里飘来靓汤的鲜味，一股股中药的清香沁人心脾。甄辉猛然醒来，多年的煲汤煮鲜，每锅的配料火候，甄辉都了如指掌，多味草药均有益气养血的功效，何不干脆亲自一试，死马当活马医。甄辉坚持每天喝药汤，病情居然有了缓解。一年后，经医院诊查，甄辉的病竟然痊愈！

至今为止，甄辉已经用去了近十吨的中草药，"甄能煮"餐厅内室里一直散发着中草药的味道。餐馆引来了众多中外顾客，生意十分红火。

甄辉激动地说："祖国的中医草药博大精深，随着中国改革开放和'一带一路'的发展，中医在世界各地越来越受到外国朋友的重视。'甄能煮'餐厅在许多国家开了分店，此次我美国之行，就是准备在洛杉矶开个'甄能煮'餐厅。"

听完甄辉的介绍，欧阳船长握住甄辉的手，激动地说："你为中国海员争了光，为中医争了光！我代表船员们向你表示祝贺，祝愿'甄能煮'的靓汤飘香全世界！"

西瓜与"兄弟"号的来历

南非开普敦港。在一片军乐声和人们的欢呼声中，一艘挂满彩旗的巨轮，昂首屹立在船台上，正准备下水。

参加船舶下水仪式的人群，把坞台围个水泄不通，一边欢呼，一边用眼紧盯着船首被彩布遮盖的船名："船叫啥名字？"

人们急切地期待揭开这个谜底！

提起船名，人们不禁浮想联翩：世界各国的船名可谓浩若繁星，五花八门。有以国名和人名命名的，也有以典故、谜语命名的，还有以船主的夫人、小姐爱称命名的，有的甚至以船主宠物命名。可谓无奇不有。

日本轮船的命名更是令人眼花缭乱。以地名国名命名的，以人名公司名命名的，以气象和航海术语命名的，以季节和纪念日命名的，以诗词典故命名的……尤使人感兴趣的是一些以中国的典故和传说命名船名，例如"报国"号就是取自岳飞背上的刺字

"精忠报国"。"雏罂"号则是源自项羽爱姜美人坟中的"虞美人花",可见中日两国源远流长的历史文化关系。

中国的远洋运输船多以地名、山名、海名、湖名命名,如"山海关"号、"妙峰山"号、"潘阳湖"号……近海货船和内河船则以所在地域命名,如"江渝"号、"川都"号……有些船名不仅能反映航行区域,还表示船舶性质,远洋邮轮都以"湖"字号排列,滚装船都以"口"命名,例如"喜峰"口、"大沽"口……特殊的工作船,都冠以与工作性质有关的名字,如"救捞 ×"号、"航浚 ×"号、"勘探 ×"号等等。人们见到这些船名就能对轮船的属性一目了然。

那么,这艘高昂在船台上的巨轮叫啥名字?按常规,船下水时船头的船名不应被遮盖,难道这里面有什么奥妙?

原来,这是船东特意事先安排的。

船东名叫哈里森,是一位非籍英国人。他出身于大庄园家庭,家里是非洲有名的果园大王。果园里盛产的西瓜,畅销世界各地。这艘即将下水的巨轮,就是专门为装运西瓜而打造的大型冷藏船。

哈里森之所以暂时保密船名,源于小时候爷爷讲的一段故事。

哈里森的爷爷是一位英国贵族公爵。英国历史上有两位女王:伊丽莎白一世女王和伊丽莎白女王。伊丽莎白女王继位不久后,决定建造一艘环球邮轮。邮轮建成后,船名引起了人们的普遍关注和争议:是以伊丽莎白女王命名还是伊丽莎白一世命名?

绝大多数人认为:邮轮是现任伊丽莎白女王提议建造的,以她的名字命名当之无愧。也有人觉得,伊丽莎白一世女王在位的

45 年是英国的黄金时代，是英国历史上繁荣盛世，以伊丽莎白一世女王命名无可非议。

最后，这个决定权交到伊丽莎白女王手里。

到底是以哪位女王名字命名，直到邮轮下水前，几乎无人知晓。

邮轮下水那天，当人们揭开船头那块遮盖船名的彩布时，谜底终于揭开："伊丽莎白一世"号。

欢呼声中，人们赞美着伊丽莎白女王大公无私的广阔胸怀，这是对伊丽莎白一世女王最好的怀念。

这次邮轮下水给人们留下了深刻记忆。所以，哈里森决定，这艘冷藏船的船名既要反映它的功能，更要像"伊丽莎白一世"号一样，给人们留下深刻的记忆。

船名一直困扰着哈里森。

一天，哈里森来到位于非洲南部的果园，此时正值西瓜成熟的季节。满地碧绿的西瓜，发出一阵阵诱人的香甜气味。

此刻，一群摘装西瓜的园工正为一件事争论。

哈里森询问后得知，原来，种瓜的园工正在争辩西瓜的起源地：一部分人认为西瓜最早生长在非洲西部，那里是西瓜的发源地。另一部分人则说，西瓜最早被发现是在非洲南部的沙漠里。

作为果园主的哈里森虽说种植了多年西瓜，却也只知晓西瓜最早的产地在非洲，到底是在非洲西部还是在非洲南部，哈里森也是一片空白！

哈里森来到一座大型图书馆。一本新出版的《非洲植物发展史》，令他眼前一亮。其中一篇关于西瓜起源的分子生物学报告认为：今天世界上栽培的西瓜与非洲西部的一个野生物种更为接近，叫黏籽西瓜。它从尼日利亚一直分布到塞内加尔，与在非洲南部发现的西瓜相比，西部的西瓜果肉沙甜，苦味较少。而南部的西瓜皮薄，瓤呈粉红色。研究报告证明，当今世界上的西瓜是这两种西瓜的杂交品种，既有西部西瓜的沙甜，又有南部西瓜的皮薄瓤红，继承了两种西瓜的优点。人们戏称它为"兄弟瓜"。

意外的收获，使哈里森兴奋不已。"兄弟瓜"在哈里森心里深深扎下了根。为了慎重起见，哈里森专门拜访了一位知名的生物学家。生物学家告诉他：早在公元 2000 多年前，埃及人就在尼罗河流域种西瓜。在法老的墓穴中就曾发现号称"兄弟瓜"的西瓜的种子。后来，随着人类活动的展开，美味多汁的西瓜，开始传入各地。到了公元 10 世纪，也就是中国的唐宋五代时期，西瓜通过"海上丝绸之路"传入中国。

经过对这段西瓜历史的了解，哈里森决定将这艘即将下水、专门装运西瓜的冷藏船的命名为"兄弟"号。

船下水那天，船首揭开那块彩布时，"兄弟"号几个闪闪发光的大字呈现在人们面前。人们不禁怀着疑惑的目光望着哈里森，哈里森向众人讲述了西瓜产生的故事。

听完哈里森的讲述，人们既知晓了这是艘装运西瓜的专用船，还了解了西瓜产生的历史。

哈里森费尽心思起的船名，在船名史上留下了惊艳的一笔：贴切，含蓄，又耐人寻味！

"靠船吃船"的三件宝

这年的海员日，正赶上海员学校成立四十周年。

学校特意邀请被航海界称为"老远洋"的老校友翁帆前来做专题演讲。

翁帆是海校的首届毕业生。

在海上漂泊近四十年的"老远洋"，手里拎着一个破旧的挎包，缓缓走上讲台："今天的演讲，就从这个挎包里的'宝贝'说起吧！"

已经退休的翁帆，满头银发，精神矍铄，声音洪亮："俗话说，上船做海员要闯三关，晕船关、睡觉关和饮食关。前两关是适应环境的过程，随着时间的推移，绝大多数人都能适应。但是，饮食关却是一个漫长而有趣的过程。"

说着，"老远洋"从挎包里取出三只小包。一个包里是饮食用的餐具：筷子、刀叉以及贝壳制成的碗和餐碟；另外一个包里是本厚厚的书；最后一个包里装满了渔线、渔网和鱼钩。

"俗话说，靠山吃山，靠水吃水。咱们海员就要靠船吃船！"

接着"老远洋"围绕着挎包里的"三件宝"滔滔不绝地讲起关于"靠船吃船"的故事。

"老远洋"出生在一个渔民家庭。从小风里浪里随父辈练就了一身过硬的"海上功夫"：不晕船，能吃能睡。高中毕业后他考入了海员学校，成为一名远洋海员。

经过四年的海校生活，二十岁出头的龚帆终于登上海船。那时是中国改革初期，远洋船有限。龚帆大多数时间在国内船上跑沿海航线，船上是清一色的中国人。虽然船员来自祖国的天南海北，习俗和语言有些区别，但都能很快适应。只是饮食上会带来一些麻烦，俗话说：南甜北咸，东酸西辣。船上大厨会尽量多做几道菜供大家选择，以满足大家需要。

随着改革开放的推进，远洋船队不断增加，有时会选择一些优秀的船员外派到外国船上工作。外国远洋船号称"流动的联合国"，船上的人来自世界各地，饮食习惯和用餐方式可谓五花八门，无奇不有。

一次龚帆被选派到一艘以韩国人为主的"月亮神"号上。这天，船停泊在釜山港时，正值韩国的"秋夕节"，船上准备了韩国的特色菜——烧烤。红红的炭炉上，一串串被烤得啧啧作响的肉串发出诱人的香味。龚帆取出家乡带来的竹筷，加入了热闹的就餐队伍。谁知，龚帆不但没尝到美味，竹筷被炭火点燃，还差点儿烧了手。

这时，龚帆才发现，韩国船员使用的都是金属筷子。此后，龚帆特地选了副金属筷子，放进"餐具袋"里。后来，龚帆又被派上日本船。谁知，随身携带的竹筷和金属筷子"英雄无用武之地"。原来，日本人喜食生鱼片和冷拌菜，筷子都是尖头的，便于"插"食，平头的筷子无法适应这种环境。来到欧美船上，刀叉是西餐的必备餐具。使用这些餐具，对东方人来说，需要一个习惯和熟练的过程。开始龚帆出了不少洋相，双手不听使唤，常弄得餐桌上一片狼藉，哭笑不得。

时光流逝，龚帆的"餐具袋"盛满了各式各样的餐具，各个餐具都有一段让人难忘的故事。

到了以非洲人或印度人为主的船上，手抓饭就成了"主角"，龚帆虽然可以使用餐具，但是为了表示友好和尊重其他船员的习俗，龚帆也成了"抓饭"的好手！

听了龚帆的讲述，有同学不禁问道："做海员，你不会感到辛苦吗？"

"苦，并快乐着！"龚帆笑着说，"'靠船吃饭'的本领，让大家学到了许多知识，大开了眼界，这是一般职业无法比拟的！"

说着，龚帆从另一个包里取出一本厚厚的书——《世界民俗大全》。

这是本详细介绍世界各地民俗和饮食习惯的知识性读物，里面许多地方被划上了明显的标记，有人问道："这也是'靠船吃船'的宝贝？！"

"对啊！"龚帆呷口茶说，"如今，海员的足迹几乎遍及世界。"

龚帆边翻着书边介绍说："适应世界各地的风俗习惯，是海员不可缺少的本领。除了靠平时积累外，还要认真读书。这本书已经跟随我几十年了！"

说着龚帆介绍了购买这本书的原因和经历。

龚帆刚刚做上船长那年，驾船来到非洲埃及的开罗港。

这天，正值埃及的斋月。埃及在饮食上严格遵守伊斯兰教规，斋月期间，白天禁食，不食一切忌物，更不能吃带汁的和未熟透的菜，吃饭时不能与人说话。这些规矩对多次来埃及的龚帆来说，早已心知肚明。等晚上参加船舶代理举办的晚宴时，龚帆还是遭遇了尴尬之事。

因为途中堵车，龚帆赶到现场时，晚宴已经开始，为了不打扰别人，龚帆找了一个角落悄然坐了下来。谁知，这一举动引来全场诧异的目光，甚至有人高声喊叫起来。原来埃及宴席的座位十分讲究等级和身份，作为船舶代理的高贵宾客是不能任意选位的。

这件事给龚帆的印象十分深刻。远航归来后，在别人的推荐下，龚帆买了本《世界民俗大全》。

从此，这本书成了龚帆"靠船吃船"的"宝贝"之一，陪伴他在海上几十年。此后龚帆渐渐成了航海界无人不知无人不晓的"万事通"，无论船到那个国家和地区，他都能应对自如，赢得人们的称赞和尊敬！

龚帆从最后包里取出一堆渔具：鱼钩、渔线、渔网……

有人好奇地拿在手里："这也是'靠船吃饭'的宝贝？"

"不错！"龚帆自豪地说，"它让我吃到了世界上最奇特的美食'鱼中鱼'！"

龚帆十分兴奋，边摆弄眼前的渔具边介绍说："那是30多年前，我作为刚上船不久的水手，跟随船来到南非开普敦港锚地，因为等泊位、装卸货，船已在锚地待了十几天，船上的食物有些紧张，船员便开始下钩钓鱼。此海域鱼群众多，十分容易上钩。钓鱼不仅增加了餐桌上的美食，还给船员生活带来乐趣。一次，人们钓上一条足有200多斤的大鲨鱼，将其开膛破肚后，被鲨鱼胃里吞食的小鱼还活蹦乱跳哩！大厨把这些小鱼做了一道'鱼中鱼'。吃完这道美食，船上人都竖起大拇指：'这是世上最稀有、最独特的美食，只有咱们船员才能享用'！"

从此，龚帆也加入了钓鱼的行列，而且，他的渔具不断增多，不断更新。这些渔具，退休后龚帆将其作为纪念品保留至今。

最后，龚帆意味深长地说："做一名合格的海员，不仅要有熟练过硬的驾船技术，也要能够适应海上生活，也就是说'靠船吃船'的本领绝不能缺少！许多人认为航海是件枯燥的体力活，实际上航海里蕴育着十分丰富的知识和智慧，做一名优秀的海员需要拥有很多本领吧！"

会后，人们把"老远洋"围个水泄不通："这是我们听到的最生动有趣的海上故事。您不愧是'老远洋'，讲得真是太精彩啦！"

"跑王""虎杖"和"东方"号

"宗船医失踪了，找遍全船也不见踪影！"水手长推开船长的门急冲冲地说。

船长拍着水手长的肩膀，笑着说："他被人拽去观看'跑步节'啦，让大家再等会儿。"

"东方"号是一艘来往中国与非洲的集装箱定期班轮，被非洲人誉为"中非友谊的桥梁"。

这天，"东方"号靠泊在埃塞俄比亚的亚的斯亚贝巴港，正赶上当地的"跑步节"。

埃塞俄比亚是产生世界长跑冠军最多的国家之一。

离亚的斯亚贝巴不远有个叫贝科吉的小镇，人口不足2万人，却是世界长跑纪录保持者最多的地区：马拉松、世锦赛、奥运会的长跑奖牌，让这个不起眼的小镇名盛大噪，吸引了众多人的眼球，不少体育明星慕名而来一探究竟。

这个贫瘠的小镇有个得天独厚的优势——海拔。当前，世界长跑纪录的保持者，几乎都出生于海拔 2000 米以上的地区。

贝科吉小镇海拔接近 3000 米，是培育长跑飞人的"宝地"。

贝科吉小镇几乎没有汽车，人们放牧耕作、运输全靠两条腿，奔跑是贝科吉人生活中不可缺少的部分。高海拔上的整日奔跑，使人们能更充分地使用氧气。经过成千上万年的风风雨雨，贝科吉人四肢细长，血液中红细胞极多。特殊的地理环境使贝科吉人成为地球上最适合奔跑的人。

贝科吉小镇因为涌现了多名世界长跑冠军，吸引了来自世界各地的游客。各式各样围绕奔跑的活动层出不穷，"跑步节"就是其中最引人注目的项目之一。

"跑步节"这天，整个小镇几乎万人空巷，人们都涌进大道上：穿鞋的、赤脚的、本地的、外来的……整个小镇沉浸在长跑的热浪里，人们忘记了劳作，忘记了吃饭。连正在码头装卸船的工人也参加了长跑的行列。

几年前，随着"海上丝绸之路"的发展，中国专门为非洲一些国家培养了一批海员。这批海员在中国经过几年的学习后，再分别被派到船上实习。

出生在贝科吉小镇的贝加勒就是其中之一。他有幸被分配在"东方"号上做实习水手。

当人们得知贝加勒来自世界著名的长跑小镇贝科吉，叔父是位"跑王"，曾多次获得马拉松大赛的冠军时，"东方"号上的人们羡慕不已。

然而，贝加勒的一席话却让人们唏嘘不已。原来，贝加勒叔父不久前膝盖患了"骨痛症"，已经离开了赛场。

说者无意，听者有心。这话传到了"东方"号船医宗福兴耳朵里，他心想："能否用'虎杖'试试？"

宗福兴出身于四川阆中一个中医世家，祖传的各类中草药远近闻名，特别一种叫"虎杖"的中草药被人们誉为神药。

在四川历史名城——阆中城郊大佛寺旁的岩石上，刻有"虎溪"两个大字。在这个地方，流传着"孙思邈用'虎杖'为虎治腿"的故事。

阆中山势险峻、林密草茂，生长着许多名贵药材。传说，有一天，孙思邈来到这里采药，忽听不远处传来一阵阵呻吟声。孙思邈顺着声音走过去，发现一只斑斓大虎有气无力地卧在一块岩石上，痛苦地嘶叫着。孙思邈蹑手蹑脚地走上前去，那虎眼巴巴望着他，慢慢将腿抬起。孙思邈发现虎腿又红又肿，就急忙从药囊里取出一包草药，浸入泉水，一边敷在虎腿上，一边将药喂虎吃下。几天后，老虎的腿病竟然痊愈了。从此，老虎与孙思邈形影不离，还成了孙思邈的坐骑。

孙思邈救虎的故事很快传开了，人们称这种让老虎重新奔跑的草药为"虎杖"，称发现老虎的小溪为"虎溪"。

后来，人们通过对这种草药进行临床实验发现，"虎杖"有清热、利湿、破淤、通经的作用，是治疗风湿骨痛的良药。

宗船医将"虎杖"分包装好，将用药方法详细交代给贝加勒："试几个疗程看看。"

　　奇迹出现了，经过几个月的用药，贝加勒的叔父不仅疼痛完全消失，还重新回到了他热爱的长跑赛场。

　　"跑王"重上赛场的消息，很快在这个小镇传开了："神药！太神奇了！"

　　此后，宗福兴名声大噪，每次"东方"号来到这里，都有众多粉丝前来求医问诊。

　　源远流长的中国中医，随着"一带一路"的发展和"东方"号这座"中非友谊之桥"，渐渐在非洲开花结果。

　　这次"东方"号来到亚的斯亚贝巴港，又赶上一年一度的"跑步节"。贝加勒特地邀请宗福兴来到现场。因为这是他叔父病愈后，首次参加的正式跑步活动。

　　"跑王""虎杖"和"东方"号的故事从此传开了。此后，船医宗福兴更加快了研发中草药的步伐。他根据中草药治病原理，结合非洲特有的植物和动物，开发新的中草药，决心让中国中草药随着"一带一路"不断走向世界。

图书在版编目（ＣＩＰ）数据

舌尖上的航海 / 张涛著. — 青岛 ： 中国海洋大学
出版社，2020.1
ISBN 978-7-5670-2471-7

Ⅰ.①舌… Ⅱ.①张… Ⅲ.①饮食－文化－世界
Ⅳ.①TS971.201

中国版本图书馆CIP数据核字（2020）第034243号

出版发行	中国海洋大学出版社		
社　　址	青岛市香港东路23号	**邮政编码**	266071
出 版 人	杨立敏		
网　　址	http://pub.ouc.edu.cn/		
电子信箱	2654799093@qq.com		
责任编辑	郭利	**电　　话**	0532-85902533
印　　制	青岛国彩印刷股份有限公司		
版　　次	2020年4月第1版		
印　　次	2020年4月第1次印刷		
成品尺寸	144 mm×215 mm		
印　　张	10.5		
字　　数	120 千		
印　　数	1-2000		
定　　价	28.00元		

发现印装质量问题，请致电0532-58700168，由印刷厂负责调换。